新手学电脑
从入门到精通
（第2版）

文杰书苑　编著

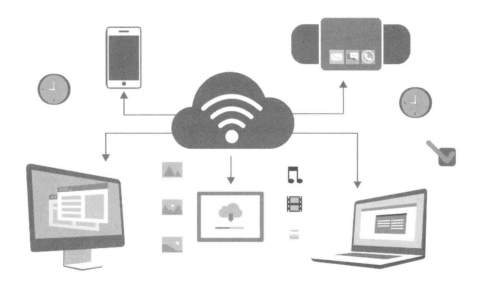

电子工业出版社

Publishing House of Electronics Industry

北京·BEIJING

内 容 简 介

本书以通俗易懂的语言、翔实生动的操作案例、精挑细选的使用技巧，指导初学者快速掌握电脑操作，提高电脑实践操作能力。全书共 17 章，主要内容包括学电脑从零开始、学会操作键盘与鼠标、进入绚丽多彩的 Windows 10 世界、轻松管理电脑中的文件、设置个性化的操作环境、管理电脑中的软件、轻松学会电脑打字、使用 Word 2016 输入与编写文章、设计与制作精美的 Word 文档、使用 Excel 2016 电子表格、使用 Excel 2016 计算与分析数据、用 PowerPoint 2016 设计与制作幻灯片、遨游精彩的互联网世界、搜索与下载网络资源、上网通信与娱乐、电脑常用的工具软件及系统维护与安全应用等方面的知识、技巧和应用案例。

全书结构清晰、图文并茂，以实战演练的方式介绍知识点，让读者一看就懂，一学就会，学有所成。本书面向学习电脑的初、中级用户，适合无基础又想快速掌握电脑入门操作的读者，也适合广大电脑爱好者及各行各业人员作为自学手册使用，还适合作为初、中级电脑培训班的培训教材或者学习辅导书。

未经许可，不得以任何方式复制或抄袭本书之部分或全部内容。
版权所有，侵权必究。

图书在版编目（CIP）数据

新手学电脑从入门到精通 / 文杰书苑编著. —2 版. —北京：电子工业出版社，2019.7
ISBN 978-7-121-36813-4

Ⅰ.①新… Ⅱ.①文… Ⅲ.①电子计算机－基本知识 Ⅳ.① TP3

中国版本图书馆 CIP 数据核字（2019）第 111853 号

责任编辑：祁玉芹
文字编辑：罗克强
印　　刷：中国电影出版社印刷厂
装　　订：中国电影出版社印刷厂
出版发行：电子工业出版社
　　　　　北京市海淀区万寿路 173 信箱　邮编：100036
开　　本：787×1092　1/16　印张：22.75　字数：554 千字
版　　次：2018 年 8 月第 1 版
　　　　　2019 年 7 月第 2 版
印　　次：2023 年 3 月第 8 次印刷
定　　价：99.00 元

凡所购买电子工业出版社图书有缺损问题，请向购买书店调换。若书店售缺，请与本社发行部联系，联系及邮购电话：（010）88254888，88258888。
质量投诉请发邮件至 zlts@phei.com.cn，盗版侵权举报请发邮件至 dbqq@phei.com.cn。
本书咨询联系方式：qiyuqin@phei.com.cn。

前言 FOREWORD

在信息科技飞速发展的今天，电脑已经成为人们日常工作、学习和生活中必不可少的工具之一，而电脑的操作水平也成为衡量一个人综合素质的重要标准之一。为了帮助读者快速提升电脑的应用水平，本书在内容上主要以满足读者全面学习电脑知识为目的，帮助电脑初学者快速了解和应用电脑，以便在日常的学习和工作中学以致用。

本书在编写过程中根据电脑初学者的学习习惯，采用由浅入深、由易到难的方式进行讲解，全书结构清晰、内容丰富，其主要内容包括以下 6 个方面。

1. 了解电脑

本书第 1 章，介绍了电脑的作用、电脑的分类、电脑的外观硬件、电脑的软件、连接电脑设备等知识。

2. 电脑的基本操作

本书第 2 章至第 7 章，介绍了操作键盘和鼠标、Windows 10 基础操作、管理电脑中的文件、设置个性化的操作环境、管理电脑中的软件、电脑打字等知识。

3. 使用 Office 2016 办公软件组合

本书第 8 章至第 12 章，介绍了 Word 2016、Excel 2016 和 PowerPoint 2016 的使用方法，可以帮助读者快速掌握使用 Office 2016 办公软件的知识。

4. 上网冲浪与聊天

本书第 13 章至第 15 章，介绍了上网的方法，包括认识与使用互联网浏览并搜索网络信息、搜索与下载网络资源、在网上聊天和收发电子邮件的方法。

5. 常用工具软件

本书第 16 章，介绍了常用电脑工具软件的使用方法，包括 ACDSee 看图软件、暴风影音、鲁大师等常用软件。

6. 系统维护与安全

本书第 17 章，介绍了电脑维护与优化的知识，包括管理和优化磁盘、查杀电脑病毒、360 安全卫士的使用等相关知识与操作。

读者可以访问网站 http://www.itbook.net.cn 获得更多的学习资源，如果在使用本书时遇到问题，可以加入 QQ 群 128780298 或 185118229，也可以发邮件至 itmingjian@163.com 与我们交流和沟通。

我们提供了本书配套学习素材和视频课程，请关注微信公众号"文杰书院"免费获取。读者还可以订阅 QQ 部落"文杰书院"，进一步学习与提高。

我们真切希望读者在阅读本书之后，可以开拓视野，增长实践操作技能，并从中学习和总结操作的经验和规律，达到灵活运用电脑的水平。鉴于编者水平有限，书中纰漏和考虑不周之处在所难免，真诚欢迎读者予以批评、指正，以便我们日后能为广大读者编写更好的图书。

编　者

2019 年 3 月

目 录
CONTENTS

第 1 章 学电脑从零开始

1.1 电脑都能做些什么 2
    1.1.1 休闲娱乐 2
    1.1.2 资讯浏览 2
    1.1.3 查询资料 3
    1.1.4 网上聊天 4
    1.1.5 经济消费 4
    1.1.6 办公应用 4
    1.1.7 收发邮件 5
    1.1.8 软件设计 5
1.2 电脑的分类 6
    1.2.1 台式机 6
    1.2.2 笔记本电脑 7
    1.2.3 平板电脑 7
    1.2.4 智能手机 7
    1.2.5 智能穿戴设备 8
    1.2.6 智能家居 9
    1.2.7 VR 设备 9
1.3 揭开电脑的神秘面纱 10
    1.3.1 电脑的外观 10
    1.3.2 电脑主机里面有什么 12
1.4 认识电脑的软件 14
    1.4.1 应用软件 14
    1.4.2 系统软件 15
1.5 连接电脑设备 15
    1.5.1 连接显示器 16
    1.5.2 连接键盘和鼠标 16
    1.5.3 连接电源 17
1.6 实践案例与上机指导 18
    1.6.1 按下电源开关测试能否开机 18
    1.6.2 连接打印机 19
    1.6.3 如何处理键盘接口损坏 19

第 2 章 学会操作键盘与鼠标

2.1 初步认识电脑键盘 22
    2.1.1 主键盘区 22
    2.1.2 功能键区 24
    2.1.3 编辑键区 25
    2.1.4 数字键区 25
    2.1.5 状态指示灯区 26
2.2 正确使用键盘 26
    2.2.1 手指的键位分工 26
    2.2.2 正确的打字姿势 27

2.3 认识鼠标 28
　2.3.1 鼠标的外观 28
　2.3.2 鼠标的分类 29
　2.3.3 使用鼠标的注意事项 29
2.4 如何使用鼠标 30
　2.4.1 正确握持鼠标的方法 30
　2.4.2 不同鼠标指针的含义 31
　2.4.3 鼠标的基本操作 32
2.5 实践操作与应用 32
　2.5.1 更改鼠标双击的速度 32
　2.5.2 交换鼠标左键和右键的功能 34
　2.5.3 调整鼠标指针的移动速度 35
　2.5.4 鼠标的选购技巧 36

第 3 章　进入绚丽多彩的 Windows 10 世界

3.1 认识 Windows 10 桌面 38
　3.1.1 桌面图标 38
　3.1.2 桌面背景 39
　3.1.3 任务栏 39
　3.1.4 任务视图 40
3.2 【开始】屏幕的基本操作 40
　3.2.1 认识【开始】屏幕 40
　3.2.2 将应用程序固定到【开始】屏幕 41
　3.2.3 将应用程序固定到任务栏 42
　3.2.4 打开与关闭动态磁贴 43
　3.2.5 调整"开始"屏幕大小 43
3.3 桌面的基本操作 44
　3.3.1 添加常用的系统图标 44

3.3.2 添加桌面快捷图标 45
3.3.3 设置图标的大小及排列 46
3.3.4 更改桌面图标 47
3.3.5 删除桌面图标 48
3.4 操作 Windows 10 窗口 49
　3.4.1 窗口的组成元素 49
　3.4.2 打开和关闭窗口 53
　3.4.3 移动窗口的位置 54
　3.4.4 调整窗口的大小 54
　3.4.5 切换当前活动窗口 54
　3.4.6 窗口贴边显示 55
3.5 实践操作与应用 56
　3.5.1 使用虚拟桌面（多桌面）......56
　3.5.2 添加"桌面"图标到工具栏 57
　3.5.3 让桌面字体变得更大 57

第 4 章　轻松管理电脑中的文件

4.1 文件和文件夹 60
　4.1.1 磁盘分区与盘符 60
　4.1.2 什么是文件 61
　4.1.3 什么是文件夹 62
　4.1.4 文件和文件夹存放位置 62
　4.1.5 文件和文件夹的路径 63
4.2 文件资源管理器 64
　4.2.1 文件资源管理功能区 64
　4.2.2 常用文件夹 66
　4.2.3 打开和关闭文件或文件夹 67
　4.2.4 将文件夹固定在"快速访问"列表中 68

4.3 文件与文件夹的基本操作...........69
    4.3.1 查看文件或文件夹（视图）....69
    4.3.2 创建文件或文件夹....................70
    4.3.3 更改文件或文件夹的名称........71
    4.3.4 复制和移动文件或文件夹........72
    4.3.5 删除文件或文件夹....................73
4.4 搜索文件或文件夹........................74
    4.4.1 简单搜索....................................74
    4.4.2 高级搜索....................................75
4.5 使用回收站....................................76
    4.5.1 还原回收站中的文件................76
    4.5.2 清空回收站................................77
4.6 实践操作与应用............................77
    4.6.1 隐藏 / 显示文件或文件夹........77
    4.6.2 加密文件 / 文件夹....................78
    4.6.3 显示文件的扩展名....................80

第 5 章 设置个性化的操作环境

5.1 Microsoft 账户的设置与应用............82
    5.1.1 认识 Microsoft 账户....................82
    5.1.2 注册和登录 Microsoft 账户........82
    5.1.3 添加账户头像................................85
    5.1.4 更改账户登录密码........................86
    5.1.5 设置开机密码为 PIN 码................87
    5.1.6 使用图片密码................................88
5.2 电脑的显示设置................................91
    5.2.1 设置合适的屏幕分辨率................91
    5.2.2 设置通知区域显示的图标............92
    5.2.3 启动或关闭系统图标....................93
    5.2.4 设置显示的应用通知....................94

5.3 个性化设置....................................95
    5.3.1 设置桌面背景和颜色................95
    5.3.2 设置锁屏界面............................97
    5.3.3 设置屏幕保护程序....................97
    5.3.4 设置主题....................................99
5.4 实践操作与应用..........................100
    5.4.1 取消显示开机锁屏界面..........100
    5.4.2 取消开机密码..........................101

第 6 章 管理电脑中的软件

6.1 认识常用的软件..........................104
    6.1.1 浏览器......................................104
    6.1.2 聊天社交..................................105
    6.1.3 影音娱乐..................................106
    6.1.4 办公应用..................................107
    6.1.5 图像处理..................................107
6.2 获取软件的方法..........................108
    6.2.1 应用商店下载..........................108
    6.2.2 官方网站下载..........................110
    6.2.3 通过电脑管理软件下载..........111
6.3 软件的安装与升级......................112
    6.3.1 软件的安装方法......................112
    6.3.2 自动检测升级..........................113
    6.3.3 使用第三方软件升级..............115
6.4 软件的卸载..................................115
    6.4.1 在【所有应用】列表中
          卸载软件..................................116
    6.4.2 在【程序和功能】中
          卸载软件..................................116
    6.4.3 在【开始】屏幕中卸载应用..118
6.5 查找安装的软件..........................120

6.5.1 查看所有程序列表 120
6.5.2 按照程序首字母查找软件 121
6.6 实践操作与应用..................................122
6.6.1 安装更多字体 122
6.6.2 设置默认打开程序 123
6.6.3 使用电脑为手机安装软件 125

第 7 章　轻松学会电脑打字

7.1 汉字输入基础知识..............................128
7.1.1 汉字输入法的分类 128
7.1.2 切换输入法 129
7.1.3 认识汉字输入法状态栏 130
7.1.4 常见的输入法 132
7.1.5 常用的打字软件 132
7.1.6 半角和全角 133
7.2 管理输入法..134
7.2.1 添加和删除输入法 134
7.2.2 安装其他输入法 137
7.2.3 设置默认输入法 137
7.3 使用拼音输入法..................................139
7.3.1 使用全拼输入 139
7.3.2 使用简拼输入 140
7.3.3 使用双拼输入 141
7.3.4 中英文混合输入 142
7.3.5 拆字辅助码的输入 142
7.3.6 快速插入当前日期时间 143
7.4 使用五笔字型输入法..........................144
7.4.1 五笔字型输入法基础 145
7.4.2 五笔字根在键盘上的分布 146
7.4.3 快速记忆五笔字根 147

7.4.4 汉字的输入技巧与实例 148
7.4.5 键面字的输入 149
7.4.6 简码的输入 149
7.4.7 输入词组 152
7.5 实践操作与应用..................................154
7.5.1 陌生字的输入方法 154
7.5.2 简繁切换 155
7.5.3 快速输入特殊符号 155

第 8 章　使用 Word 2016 输入与编写文章

8.1 文档基本操作......................................158
8.1.1 新建文档 158
8.1.2 保存文档 159
8.1.3 打开和关闭文档 160
8.2 输入与编辑文本..................................161
8.2.1 输入文本 162
8.2.2 选择文本 163
8.2.3 复制与移动文本 164
8.2.4 删除与修改错误的文本 166
8.2.5 查找与替换文本 167
8.3 设置文本字体格式..............................169
8.3.1 设置文本的字体 169
8.3.2 设置字体字号 170
8.3.3 设置字体颜色 170
8.4 调整段落格式......................................171
8.4.1 设置段落对齐方式 171
8.4.2 设置段落间距 172
8.4.3 设置行距 173
8.5 实践操作与应用..................................174

8.5.1 使用文档视图查看文档 174

8.5.2 添加批注和修订 176

8.5.3 设置纸张大小和方向 177

第 9 章　设计与制作精美的 Word 文档

9.1 在文档中插入图片与艺术字 180

    9.1.1 插入图片 180

    9.1.2 插入艺术字 181

    9.1.3 修改艺术字样式 182

    9.1.4 设置图片和艺术字的环绕方式 183

9.2 使用文本框 183

    9.2.1 插入文本框并输入文字 184

    9.2.2 设置文本框大小 185

    9.2.3 设置文本框样式 185

9.3 应用表格 186

    9.3.1 插入表格 186

    9.3.2 输入文本 187

    9.3.3 插入整行与整列单元格 187

    9.3.4 设置表格边框线 188

9.4 使用 SmartArt 图形 190

    9.4.1 创建结构图 190

    9.4.2 修改结构图项目 191

    9.4.3 在结构图中输入内容 192

    9.4.4 改变结构图的形状 192

    9.4.5 设置结构图的外观 193

9.5 设计页眉和页脚 194

    9.5.1 插入页眉和页脚 194

    9.5.2 添加页码 196

9.6 实践操作与应用 197

9.6.1 设置图片随文字移动 197

9.6.2 裁剪图片形状 197

9.6.3 分栏排版 198

第 10 章　使用 Excel 2016 电子表格

10.1 认识工作簿、工作表和单元格 200

    10.1.1 认识 Excel 2016 的工作界面 200

    10.1.2 工作簿和工作表之间的关系 202

    10.1.3 Excel 2016 文档格式 202

10.2 工作簿的基本操作 203

    10.2.1 新建与保存工作簿 203

    10.2.2 打开与关闭工作簿 205

10.3 工作表的基本操作 207

    10.3.1 重命名工作表 207

    10.3.2 在工作簿中添加新工作表 208

    10.3.3 选择和切换工作表 209

    10.3.4 移动与复制工作表 209

    10.3.5 删除多余的工作表 211

10.4 输入数据 212

    10.4.1 选择单元格与输入文本 212

    10.4.2 输入以 0 开头的员工编号 213

    10.4.3 设置员工入职日期格式 213

    10.4.4 快速填充数据 214

10.5 修改表格格式 215

    10.5.1 选择单元格或单元格区域 215

    10.5.2 添加和设置表格边框 216

    10.5.3 合并与拆分单元格 217

    10.5.4 设置行高与列宽 218

10.5.5 插入或删除行与列 220
10.6 实践操作与应用 222
　　10.6.1 设置单元格文本换行 222
　　10.6.2 输入货币符号 223

第 11 章 使用 Excel 2016 计算与分析数据

11.1 引用单元格 226
　　11.1.1 单元格引用样式 226
　　11.1.2 相对引用、绝对引用 226
　　11.1.3 混合引用 226
11.2 使用公式计算数据 227
　　11.2.1 公式的概念与运算符 227
　　11.2.2 公式的输入与编辑 229
　　11.2.3 公式的审核 230
　　11.2.4 自动求和 231
11.3 使用函数计算数据 232
　　11.3.1 函数的分类 232
　　11.3.2 函数的语法结构 232
　　11.3.3 输入函数 233
　　11.3.4 输入嵌套函数 234
11.4 数据排序和筛选 235
　　11.4.1 单条件排序 235
　　11.4.2 多条件排序 236
　　11.4.3 自定义序列 237
　　11.4.4 自动筛选 239
　　11.4.5 自定义筛选 240
11.5 分类汇总 241
　　11.5.1 简单分类汇总 241
　　11.5.2 多重分类汇总 243

11.5.3 清除分类汇总 244
11.6 设计与制作图表 245
　　11.6.1 图表的构成元素 245
　　11.6.2 创建图表 246
　　11.6.3 编辑图表大小 247
　　11.6.4 美化图表 247
　　11.6.5 创建和编辑迷你图 249
11.7 实践操作与应用 250
　　11.7.1 计算员工加班费 250
　　11.7.2 制作员工工资表 251

第 12 章 用 PowerPoint 2016 设计与制作幻灯片

12.1 演示文稿的基本操作 254
　　12.1.1 创建与保存演示文稿 254
　　12.1.2 添加和删除幻灯片 255
　　12.1.3 复制和移动幻灯片 256
12.2 设置字体及段落格式 258
　　12.2.1 设置文本格式 258
　　12.2.2 设置段落格式 259
　　12.2.3 段落分栏 260
12.3 美化幻灯片效果 261
　　12.3.1 插入自选图形 261
　　12.3.2 插入图片 263
　　12.3.3 插入表格 264
12.4 母版的设计与使用 265
　　12.4.1 母版的类型 265
　　12.4.2 打开和关闭母版视图 266
　　12.4.3 设置幻灯片母版背景 267
12.5 设置页面切换和动画效果 268

12.5.1 设置页面切换效果 269
12.5.2 设置幻灯片切换速度 269
12.5.3 添加和编辑超链接 270
12.5.4 插入动作按钮 271
12.5.5 添加动画效果 271
12.5.6 设置动画效果 272
12.5.7 使用动作路径 273
12.6 放映演示文稿 275
12.6.1 设置幻灯片放映方式 275
12.6.2 隐藏不放映的幻灯片 276
12.6.3 开始放映幻灯片 276
12.7 实践案例与上机指导 277
12.7.1 保护演示文稿 277
12.7.2 添加墨迹注释 278
12.7.3 设置黑白模式 279

第13章 遨游精彩的互联网世界

13.1 电脑连接上网的方式 282
13.1.1 创建与连接 ADSL 宽带连接 282
13.1.2 小区宽带上网 284
13.1.3 查看网络连接状态 284
13.2 使用 Microsoft Edge 浏览器 284
13.2.1 Microsoft Edge 浏览器的
功能与设置 284
13.2.2 Web 笔记 285
13.2.3 在浏览器中使用 Cortana 287
13.2.4 阅读视图 288
13.3 浏览网络信息 288
13.3.1 使用地址栏输入网址
浏览网页 289

13.3.2 在网上看新闻 289
13.3.3 查看天气 290
13.3.4 网上购物的流程及方法 290
13.4 将喜爱的网页放入收藏夹 292
13.4.1 收藏喜爱的网页 292
13.4.2 使用收藏夹打开网页 292
13.4.3 删除收藏夹中的网页 293
13.5 保存网页中的内容 294
13.5.1 保存网页中的文章 294
13.5.2 保存网页中的图片 294
13.6 实践操作与应用 295
13.6.1 断开 ADSL 宽带连接 295
13.6.2 删除上网记录 296
13.6.3 使用 InPrivate 窗口 296

第14章 搜索与下载网络资源

14.1 认识网络搜索引擎 299
14.1.1 搜索引擎的工作原理 299
14.1.2 常用的搜索引擎 299
14.2 百度搜索引擎 300
14.2.1 搜索网页信息 300
14.2.2 搜索图片 301
14.2.3 搜索音乐 302
14.3 下载网上的软件资源 303
14.3.1 使用浏览器下载 303
14.3.2 使用迅雷下载 304
14.4 实践操作与应用 305
14.4.1 使用搜狐首页搜索信息 305
14.4.2 使用 360 安全卫士
下载文件 306

第 15 章 上网通信与娱乐

15.1 上网收发电子邮件 309
15.1.1 申请电子邮箱 309
15.1.2 登录电子邮箱 310
15.1.3 撰写并发送电子邮件 310

15.2 用 QQ 聊天 311
15.2.1 申请 QQ 号码 312
15.2.2 登录 QQ 312
15.2.3 查找与添加好友 313
15.2.4 与好友在线聊天 315
15.2.5 视频聊天 316
15.2.6 使用 QQ 发送图片 316

15.3 用电脑玩微信 318
15.3.1 微信网页版 318
15.3.2 微信 PC 版 319

15.4 刷微博 321
15.4.1 发布微博 321
15.4.2 添加关注 322
15.4.3 转发并评论 324
15.4.4 发起话题 324

15.5 实践操作与应用 325
15.5.1 管理 QQ 好友 325
15.5.2 一键锁定 QQ 327

第 16 章 电脑常用的工具软件

16.1 图片浏览软件——ACDSee 329
16.1.1 浏览电脑中的图片 329
16.1.2 转换图片格式 330

16.2 视频播放软件——暴风影音 331
16.2.1 播放本地视频 331
16.2.2 播放在线视频 332

16.3 系统性能测试软件——鲁大师 333
16.3.1 电脑综合性能测试 333
16.3.2 电脑一键优化 334

16.4 实践案例与上机指导 335
16.4.1 使用 ACDSee 批量重命名图片 335
16.4.2 设置暴风影音截图路径 336

第 17 章 系统维护与安全应用

17.1 管理和优化磁盘 339
17.1.1 磁盘清理 339
17.1.2 整理磁盘碎片 340

17.2 查杀电脑病毒 341
17.2.1 认识电脑病毒 342
17.2.2 使用瑞星查杀电脑病毒 342
17.2.3 使用金山毒霸查杀电脑病毒 343

17.3 使用 360 安全卫士 344
17.3.1 电脑体检 344
17.3.2 查杀电脑中的木马病毒 346
17.3.3 修补系统漏洞 346
17.3.4 电脑优化加速 347

17.4 实践操作与应用 349
17.4.1 清理垃圾 349
17.4.2 清理系统插件 350

第1章

学电脑从零开始

本章要点

- 电脑都能做些什么
- 电脑的分类
- 揭开电脑的神秘面纱
- 认识电脑的软件
- 连接电脑设备

本章主要内容

本章主要介绍了电脑都能做些什么、电脑的分类、揭开电脑的神秘面纱、认识电脑的软件等方面的知识与技巧，同时还讲解了如何连接电脑设备，在本章的最后还针对实际的工作需求，讲解了按下电源开关测试能否开机、连接打印机和如何处理键盘接口损坏的方法。通过本章的学习，读者可以掌握有关电脑基础的知识，为深入学习 Windows 10 操作系统和 Office 2016 办公软件的相关知识奠定基础。

1.1 电脑都能做些什么

↑扫码看视频

使用电脑可以进行休闲娱乐、资讯浏览、查询资料、通信、经济消费、办公应用、收发邮件以及软件设计等操作,本节将分别予以详细介绍。

1.1.1 休闲娱乐

在普通家用电脑领域,休闲娱乐几乎成为家用电脑的主要用途,影音播放、游戏是家用电脑的主要娱乐方式,如图1-1所示即为使用电脑进行游戏娱乐。

图1-1

◆ 锦囊妙计

电脑游戏一般分为角色扮演类游戏、动作游戏、冒险游戏、格斗游戏、射击游戏、益智游戏、竞速游戏、卡牌游戏等。

1.1.2 资讯浏览

用户使用电脑中的浏览器,足不出户就可以查看网上新闻,如体育、房产、军事、财经等，如图 1-2 所示即为使用电脑进行资讯浏览。

图 1-2

◆ 锦囊妙计

在一般大型门户网站中，对资讯的分类都很详细，例如在图 1-2 所示的网易网站中资讯被分为新闻、娱乐、体育、财经、科技、时尚、直播、房产、汽车、健康、旅游、工益以及艺术等。

1.1.3 查询资料

用户可以使用电脑在网上查询学习资料，有很多内容还是可以免费下载的，这大大减少了学习的成本，真正做到了"知识大爆炸"，图 1-3 所示即为使用电脑查询资料。

图 1-3

◆ 锦囊妙计

用户可以在搜索引擎上查询想找的资料,目前使用比较广泛的搜索引擎包括百度搜索引擎、搜狗搜索引擎、360搜索引擎等。

1.1.4 网上聊天

用户可以使用电脑下载聊天软件,与亲朋好友进行远距离聊天,如图1-4所示。

1.1.5 经济消费

用户可以使用电脑进行网上消费,足不出户就可以买到想要的商品,如图1-5所示。

图 1-4

图 1-5

◆ 锦囊妙计

目前使用比较广泛的电脑通信工具包括QQ、微信、YY、阿里旺旺、千牛等,用户可以根据使用习惯和各自特点选择适合自己的通信工具。

1.1.6 办公应用

用户可以使用Microsoft Office程序进行办公操作,例如编写述职报告、制作出勤统计表及制作会议演示文稿等,如图1-6所示即为使用Microsoft Word 2016编写文档。

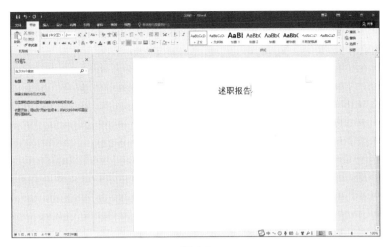

图 1-6

1.1.7 收发邮件

用户可以在互联网上申请一个免费邮箱，与亲友之间收发邮件，如图 1-7 所示。

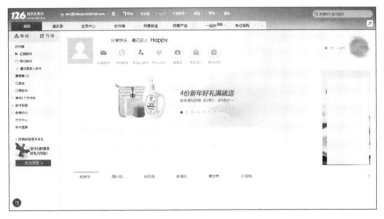

图 1-7

◆ **锦囊妙计**

目前使用比较广泛的免费邮箱包括网易邮箱、新浪邮箱、QQ 邮箱、搜狗邮箱等。

1.1.8 软件设计

用户可以在自己的电脑中下载一款设计类软件，自己进行设计制作，如图 1-8 所示即为使用 Flash Professional CC 软件。

图 1-8

◆ 知识拓展

除了上述介绍的 8 种功能之外，用户还可以使用电脑进行股票或证券交易、收听广播电台、使用音乐软件下载或欣赏音乐、使用视频播放软件观看或下载视频等操作。

1.2 电脑的分类

电脑可以分为台式机、笔记本电脑、平板电脑、智能手机、智能穿戴设备、智能家居以及 VR 设备等，本节将分别予以详细介绍。

↑ 扫码看视频

1.2.1 台式机

台式机又称为台式电脑，一般包括电脑主机、显示器、鼠标和键盘，还可以连接打印机、扫描仪、音箱和摄像头等外部设备，如图 1-9 所示。

台式机是一种各部件独立的电脑，完全跟其他部件无联系，相对于笔记本电脑体积较大，主机、显示器等设备一般都是相对独立的，需要放置在电脑桌或者专门的工作台上，因此命名为台式机。

台式机的优点就是耐用，以及价格实惠，和笔记本电脑相比，在价格相同的前提下配置较好，散热性较好，配件若损坏更换价格相对便宜，缺点就是笨重，耗电量大。

1.2.2 笔记本电脑

笔记本电脑又称手提式电脑，体积小，方便携带，而且还可以利用电池在没有连接外部电源的情况下使用，如图 1-10 所示。

图 1-9

图 1-10

◆ **锦囊妙计**

从用途上看，笔记本电脑一般可以分为 4 类：商务型、时尚型、多媒体应用型和特殊用途。商务型笔记本电脑的特征一般为移动性强、电池续航时间长；时尚型笔记本电脑外观特异，也有适合商务使用的时尚型笔记本电脑；多媒体应用型笔记本电脑在拥有强大的图形及多媒体处理能力的同时又兼有一定的移动性；特殊用途的笔记本电脑是服务于专业人士，可以在酷暑、严寒、低气压、战争等恶劣环境下使用的机型，大多较笨重。

1.2.3 平板电脑

平板电脑也叫平板计算机（Tablet Personal Computer，简称 Tablet PC、Flat PC、Tablet、Slates），是一种小型的、方便携带的个人电脑，以触摸屏作为基本的输入设备。其拥有的触摸屏允许用户通过触控笔或数字笔来进行作业而不是传统的键盘或鼠标。用户可以通过内建的手写识别、屏幕上的软键盘、语音识别实现输入，如图 1-11 所示。

1.2.4 智能手机

智能手机是指像个人电脑一样具有独立的操作系统，独立的运行空间，可以由用户自行安装软件、游戏、导航等第三方服务商提供的程序，并可以通过移动网络来实现网络接入的手机类型的总称，如图 1-12 所示。

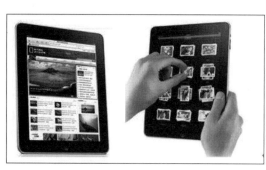

图 1-11　　　　　　　　　　　　　　图 1-12

　　智能手机是由掌上电脑（PocketPC，简称 PPC）演变而来的。最早的掌上电脑并不具备手机通话功能，但是随着用户对于掌上电脑的个人信息处理方面功能的依赖提升，又不习惯随时都携带手机和掌上电脑两个设备，所以厂商将掌上电脑的系统移植到了手机中，于是才出现了智能手机这个概念。

◆ 锦囊妙计

　　智能手机的特点：具备无线接入互联网的能力、具有开放性的操作系统、人性化、功能强大以及运行速度快等。

1.2.5 智能穿戴设备

　　智能穿戴设备是应用穿戴式技术对日常穿戴进行智能化设计、开发出可以穿戴的设备的总称，如手表、手环、眼镜、服饰等，如图 1-13 所示。

　　智能穿戴设备时代的来临意味着人的智能化延伸，通过这些设备，人可以更好地感知外部与自身的信息，能够在电脑、网络甚至其他人的辅助下更为高效率地处理信息，能够实现更为无缝的交流。应用领域可以分为两大类，即自我量化与体外进化。

图 1-13

◆ 锦囊妙计

智能穿戴设备代表产品包括苹果智能手表、FashionComm 智能手表、智能手环、谷歌眼镜、BrainLink 智能头箍、鼓点 T 恤、社交牛仔裤、卫星导航鞋以及可佩戴式多点触控投影机等。

1.2.6 智能家居

智能家居以住宅为平台，利用综合布线技术、网络通信技术、安全防范技术、自动控制技术、音视频技术将家居生活有关的设施集成，构建高效的住宅设施与家庭日常事务的管理系统，提升家居安全性、便利性、舒适性、艺术性，并实现环保节能的居住环境，如图 1-14 所示。

1.2.7 VR 设备

VR 设备又称虚拟现实设备，虚拟现实技术是一种可以创建并体验虚拟世界的电脑仿真系统，它利用电脑生成一种模拟环境，用一种多源信息融合的、交互式的三维动态视景和实体行为的系统仿真使用户沉浸到该环境中，如图 1-15 所示。

图 1-14

图 1-15

◆ 知识拓展

虚拟现实技术演变史可分为四个阶段：有声形动态的模拟是虚拟现实思想的第一阶段（1963 年以前）；虚拟现实萌芽为第二阶段（1963—1972 年）；虚拟现实概念的产生和理论初步形成为第三阶段（1973—1989 年）；虚拟现实理论进一步的完善和应用为第四阶段（1990—2004 年）。

1.3 揭开电脑的神秘面纱

电脑是一种能高速完成数值计算、数据处理、实时控制等功能的电子设备，随着信息技术的飞速发展，电脑日益融入到人们的日常生活、学习和工作中，本节将主要介绍电脑的外观和主机的相关知识。

↑扫码看视频

1.3.1 电脑的外观

电脑的硬件系统是指电脑的外观设备，如显示器、主机、键盘和鼠标等，了解其作用后方便对电脑的维修和保养。

1. 显示器

显示器也称监视器，用于显示电脑中的数据和图片等，是电脑的重要输出设备之一。按照工作原理的不同可以将显示器分为 CRT 显示器（纯平显示器）和 LCD 显示器（液晶显示器），如图 1-16 所示为 CRT 显示器，如图 1-17 所示为 LCD 显示器。

图 1-16

图 1-17

2. 主机

主机是电脑的一个重要组成部分，电脑中的所有资料都存放在主机中。机箱是主机内部部件的保护壳，外部显示常用的一些接口，如电源开关、指示灯、USB（通用串行总线，Universal Serial Bus）接口、电源接口、鼠标接口、键盘接口、耳机插口和麦克风插口等，如图 1-18 所示。

3. 键盘和鼠标

键盘是电脑重要的输入设备之一，用于将文本、数据和特殊字符等资料输入到电脑中。键盘中的按键数量一般在 101 至 110 个之间，通过紫色接口与主机相连。

鼠标又称鼠标器，是电脑重要的输入设备之一，用于将指令输入到主机中。目前比较常用的鼠标为三键光电鼠标，如图 1-19 所示为常用的键盘和鼠标。

图 1-18　　　　　　　　　　　　图 1-19

4. 音箱

音箱是电脑主要的声音输出设备，常见的音箱为组合式音箱，组合式音箱的特点是价格便宜，适合普通人群购买，而且使用方便，一般连接电脑上就可以直接使用。随着科技的不断发展，组合式音箱的音质也得到了很大提升，如图 1-20 所示。

5. 摄像头

摄像头是一种电脑视频输入设备，用户可以使用摄像头进行视频聊天、视频会议等交流活动，同时可以通过摄像头进行视频监控等工作，如图 1-21 所示。

图 1-20　　　　　　　　　　　　图 1-21

◆ 锦囊妙计

 打印机也是电脑的输出设备之一，用于将电脑处理结果打印在相关介质上，从而有利于阅读和保存。打印机可以分为点阵式打印机、喷墨式打印机和激光式打印机。

1.3.2 电脑主机里面有什么

电脑主机内安装着电脑的主要部件，如 CPU（Central Processing Unit，中央处理器）、主板、硬盘、内存、显卡和声卡等。

1. CPU

CPU 也称中央处理器，是电脑的核心，主要用于运行与计算电脑中的所有数据，由运算器、控制器、寄存器组、内部总线和系统总线组成，如图 1-22 所示。

2. 主板和硬盘

主板又称主机板、系统板或母板，是安装在主机中最大的一块电路板，上面安装了电脑的主要电路系统，电脑中的其他硬件设备都安装在主板中，通过主板上的线路可以协调电脑中各个部件的工作，如 CPU、内存和显卡等，主板如图 1-23 所示。

硬盘是电脑中主要的存储部件，由一个或多个铝制（或玻璃制）的碟片组成，碟片外覆盖有磁性铁材料。硬盘通常用于存放永久性的数据和程序，是电脑中的固定存储器，具有容量大、可靠性高、在断电后其中的数据也不会丢失等特点。

图 1-22　　　　　　　　　　图 1-23

3. 内存

内存也被称为内存储器，是电脑中重要的部件之一，它是与 CPU 进行沟通的桥梁。其作用是暂时存放 CPU 中的运算数据，以及与硬盘等外部存储器交换的数据。只要电脑在运行中，CPU 就会把需要运算的数据调到内存中进行运算，当运算完成后 CPU 再将结果传送出来，内存的运行也决定了电脑的稳定运行。内存是由内存芯片、电路板、金手指等部分组成的，如图 1-24 所示。

4. 显卡

显卡也称显示适配器，是电脑的重要的配件之一。显卡作为电脑主机的一个重要组成部分，是电脑进行数模信号转换的设备，承担输出显示图形的任务。显卡接在电脑主板上，它将电脑的数字信号转换成模拟信号让显示器显示出来。显卡由显示芯片、显示内存和 RAMDAC（数字 / 模拟转换器）等组成，常用的显卡类型为 DDR2 和 DDR3，按照制作工艺不同，可以将显卡分为独立显卡和集成显卡，同时显卡还有图像处理能力，可协助 CPU 工作，提高整体的运行速度，如图 1-25 所示。

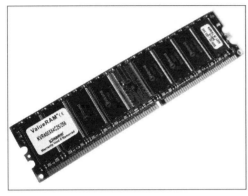
图 1-24

图 1-25

5. 声卡

声卡也称音频卡，用来实现声波 / 数字信号的相互转换，可以将来自麦克风、磁带和光盘等声音信号转换输出到耳机、扬声器、扩音机、录音机等设备，或通过音乐设备数字接口（MIDI）使乐器发出美妙的声音，如图 1-26 所示。

图 1-26

◆ 知识拓展

存储器按用途可分为主存储器（内存）和辅助存储器（外存）。外存通常是磁性介质或光盘等，能长期保存信息，比如工作中经常使用的U盘就是外存的一种。

1.4 认识电脑的软件

电脑的软件包括系统软件和应用软件，通过系统软件可以维持电脑的正常运转，通过应用软件可以处理数据、图片、声音和视频等，本节将介绍电脑软件方面的知识。

↑ 扫码看视频

1.4.1 应用软件

应用软件是解决具体问题的软件，如编辑文本、处理数据和绘图等，由通用软件和专用软件组成。

通用软件广泛应用于各个行业，如 Microsoft Office、AutoCAD 和 Photoshop 等，如图 1-27 所示。专用软件是指为了解决某个特定的问题开发的软件，如会计核算和订票软件等，如图 1-28 所示。

图 1-27

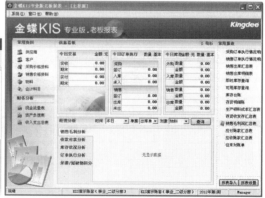

图 1-28

1.4.2 系统软件

系统软件负责管理系统中的独立硬件，使这些硬件能够协调地工作。系统软件由操作系统和支撑软件组成。

操作系统用来管理软件和硬件的程序，包括 DOS、Windows、Linux 和 UNIX OS/2 等，如图 1-29 所示；支撑软件是用来支撑软件开发与维护的，包括环境数据库、接口软件和工具组等，如图 1-30 所示。

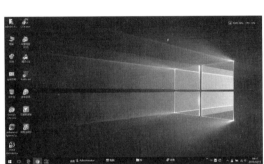

图 1-29　　　　　　　　　　　图 1-30

◆ **知识拓展**

系统软件的主要优点包括与硬件有很强的交互性，能对资源共享进行调度管理，能解决并发操作处理中存在的协调问题，外部接口多样化，便于用户反复使用等。

1.5 连接电脑设备

在电脑主机箱的背面，有许多电脑部件的接口，如显示器、电源、鼠标和键盘等，通过这些接口即可将硬件安装到主机中。本节将详细介绍连接电脑设备的操作方法。

↑扫码看视频

1.5.1 连接显示器

显示器是电脑中重要的输出设备,将其与主机相连后,才能显示主机中的内容。下面将介绍连接显示器的操作方法。

Step 01 将显示器与主机的连接信号线插头对应,插入主机的显示器接口,如图1-31所示。
Step 02 将显示器信号线右侧的螺丝拧紧,将显示器信号线左侧的螺丝拧紧,如图1-32所示。

图 1-31

图 1-32

Step 03 将显示器的电源线插头插入电源插座中,通过以上方法即可完成连接显示器的操作,如图1-33所示。

图 1-33

◆ 锦囊妙计

连接显示器的方法有两种,直接连接和间接连接。上面所讲的即为直接连接的方法,只要显示器和电脑主机拥有相互匹配的视频信号输入/输出接口,就能通过对应的视频线进行连接。如果显示器和电脑主机没有相互匹配的视频接口,则需要添加转接头至匹配后再进行连接。

1.5.2 连接键盘和鼠标

键盘和鼠标是电脑中重要的输入设备,将键盘和鼠标与主机相连后,才可正常使用电脑,下面将介绍连接键盘和鼠标的操作方法。

Step 01 将键盘的插头插入主机背面的紫色端口中，如图 1-34 所示。

Step 02 将鼠标的插头插入主机背面的绿色端口中，如图 1-35 所示。通过以上操作即可完成连接键盘和鼠标的操作。

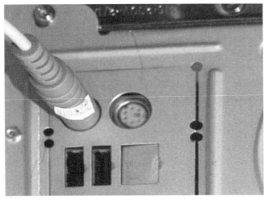

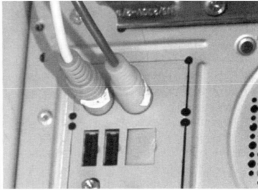

图 1-34　　　　　　　　　　　　　　　　图 1-35

◆ 锦囊妙计

本节案例使用的是 PS/2 接口的键盘和鼠标。一般情况下，PS/2 接口的鼠标为绿色，键盘为紫色。PS/2 是"personal 2"的意思，翻译为"个人系统 2"，是 IBM 公司在 20 世纪 80 年代推出的一款个人电脑。

1.5.3 连接电源

电源即电源线，是传输电流的电线。电源提供电能，连接好电源，电脑才能正常开启并运转。下面介绍一下将电源线连接到电脑主机的操作方法。

Step 01 将电源线与主机电源端口相连并将电源线插入到机箱内，如图 1-36 所示。

Step 02 将电源线另一端与插座相连，如图 1-37 所示。完成以上操作即可将电源线连接到电脑主机上。

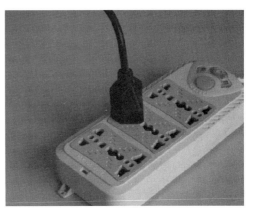

图 1-36　　　　　　　　　　　　　　　　图 1-37

◆ 知识拓展

需要用户注意的是，线的接头与排插、电源线的接头与主机电源接口，如果这两个互接的端口接触不良或接触太松则容易引起电火花，也就是导体金属片和金属片之间接触不良以致接触面积太小，允许通过的电流也小，再加上电阻大则容易发热烧坏。

1.6 实践案例与上机指导

通过本章的学习，读者基本上可以掌握电脑的作用、电脑的分类、电脑的外观和软件以及如何连接电脑等知识，下面通过练习操作，以达到巩固学习、拓展提高的目的。

1.6.1 按下电源开关测试能否开机

组装电脑后，需要进行开机测试，检查是否组装正确，以便及时发现问题并纠正，下面将具体介绍进行开机测试的方法。

Step 01 组装完成后，首先按下显示器的电源开关，然后按下机箱中的电源按钮，如图1-38所示。

Step 02 电脑将自动启动，并进入自检界面，通过以上方法即可完成进行开机测试的操作，如图1-39所示。

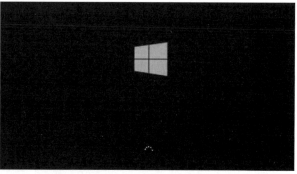

图 1-38　　　　　　　　　　　　　图 1-39

◆ 锦囊妙计

　　显示器是主要的输出设备，常见的接口有 VGA（又称 D-SUB）、DVI 和 HDMI 3 种，后两者是数字接口，在液晶显示器中得到了广泛应用，多数的显卡在提供数字接口的同时仍提供 VGA 模拟信号接口。

1.6.2 连接打印机

　　打印机（Printer）是电脑的输出设备之一，下面详细介绍将打印机连接到电脑上的操作方法。

Step 01 将打印机信号线一端的插头，插入打印机接口中，如图 1-40 所示。

Step 02 将打印机信号线另一端的插头，插入主机背面的 USB 接口中，并将打印机一端的电源线插头插入打印机背面的电源接口中，另一端插在电源插座上即可完成连接打印机的操作，如图 1-41 所示。

图 1-40

图 1-41

◆ 锦囊妙计

　　衡量打印机好坏的指标有三项：打印分辨率、打印速度和噪声。打印机的种类有很多，按打印元件对纸是否有击打动作，分为击打式打印机与非击打式打印机。按打印字符结构，分为全形字符打印机和点阵字符打印机。

1.6.3 如何处理键盘接口损坏

　　有些时候，键盘的接口坏了，输入不进去文本。这时，我们就要把键盘拆开，把键帽取下，滴入一滴酒精，装上键帽，反复敲击几次，如还不能键入，说明弹簧失效，这时需要修理弹簧或更换新键盘。

在一般情况下主板上的键盘接口连接键盘后，不经常拔插，不容易损坏，但在实际工作中键盘接口损坏的情况却又非常多，大多表现为起初是偶尔启动电脑时主机报键盘错误，按 <F1> 键继续能够正常操作，再后来就是键盘有时能够使用，有时不能够使用，到最后键盘一点作用也没有，即使更换键盘还是有同样的故障，这时可以排除是键盘的原因，进而断定是主板上的键盘接口有问题。

◆ **知识拓展**

一般键盘是通过专用的外设芯片控制的，也有的是直接通过芯片控制的。如果外设芯片损坏，会表现为键盘不能使用；如果键盘、鼠标和 USB 接口的供电不正常，也会表现为键盘不能使用；也有因为键盘接口接触不良造成键盘时而能用时而不能用的情况。

第2章

学会操作键盘与鼠标

本章要点

- 认识键盘
- 正确使用键盘
- 认识鼠标
- 如何使用鼠标

本章主要内容

本章主要介绍了认识键盘、正确使用键盘和认识鼠标方面的知识与技巧，同时还讲解了如何使用鼠标，在本章的最后还针对实际的工作需求，讲解了更改鼠标双击的速度、交换左键和右键的功能、调整鼠标指针的移动速度和鼠标的选购技巧等方法。通过本章的学习，读者可以掌握操作键盘与鼠标方面的知识，为深入学习 Windows 10 和 Office 2016 知识奠定基础。

2.1 初步认识电脑键盘

键盘是电脑重要的输入设备之一,键盘主要分为主键盘区、功能键区、编辑键区、数字键区和状态指示灯区五部分,本节将详细介绍认识和使用键盘方面的知识。

↑扫码看视频

2.1.1 主键盘区

主键盘区主要用于输入字母、数字、符号和汉字等,分别由字母键26个、控制键14个、符号键11个和数字键10个组成,下面详细介绍主键盘区的组成部分及功能,如图2-1所示。

图 2-1

1. 符号键

符号键位于主键盘区的两侧,包括11个键,直接按下符号键可以输入键面下方的符号,在键盘上按下 <Shift> 键的同时按下符号键,可以输入键面上方显示的符号,如图2-2所示。

图 2-2

2. 字母键

字母键包括从 <A> ～ <Z> 共 26 个英文字母键，主要用于在电脑中输入英文字符或汉字等内容，如图 2-3 所示。

图 2-3

3. 数字键

数字键在主键盘区的上方，包括 <0> ～ <9> 在内的 10 个数字键，用于输入数字，如图 2-4 所示。在输入汉字时，也需要配合数字键来选择准备输入的汉字。

图 2-4

4. 控制键

控制键位于主键盘区的下方和两侧，包括 14 个键，主要用于执行一些特定操作，如图 2-5 所示。

图 2-5

> <Tab> 键：制表键，位于键盘左上方。按下此键可使"|"标记向左或向右移动一个制表的位置（默认为 8 个字符）。

- ➢ \<Caps Lock\>键：大写字母锁定键，位于键盘左侧中间位置，用于切换英文字母的大小写输入状态。
- ➢ \<Shift\>键：上档键，共有两个，位于字母键两侧，用于输入符号键和数字键上方的符号。上档键与字母键组合使用，则输入的大小写字母与当前键盘所处的状态相反；与数字键或符号键组合，则输入键面上方的符号。
- ➢ \<Ctrl\>键：控制键，共有两个，分别位于主键盘区的左下方和右下方。控制键不能单独使用，必须与其他键组合使用，才能完成特定功能。
- ➢ \<Alt\>键：转换键，共有两个，位于主键盘区的下方。转换键不能单独使用，必须与其他键组合使用，才能完成特定功能。
- ➢ \<Space\>键：空格键，位于键盘下方，是键盘上最长的按键，用来输入空格。
- ➢ \<Back Space\>键 退位键，位于主键盘区的右上方，用于删除"｜"标记左侧的字符。按下此键后，"｜"标记向左退一格，并删除"｜"标记前的一个字符。
- ➢ \<Enter\>键：回车键，位于\<Back Space\>键下方，用于结束输入行，并将"｜"标记移到下一行。

◆ 锦囊妙计

\<Windows\>键：共有两个，位于主键盘区的下方，用于打开 Windows 操作系统的【开始】屏幕。

\<快捷菜单\>键：位于主键盘区的右下方，按下此键会弹出一个快捷菜单，相当于在 Windows 环境下单击鼠标右键弹出的快捷菜单。

2.1.2 功能键区

功能键区位于键盘的上方，共由 16 个按键组成，用于完成特定功能，如图 2-6 所示。

图 2-6

- ➢ \<Esc\>键：取消键，用于取消或终止某项操作。
- ➢ \<F1\>～\<F12\>键：特殊功能键，被均匀分成三组，是一些功能的快捷键，在不同软件中有不同的作用。一般情况下，\<F1\>键常用于打开帮助信息。

◆ 锦囊妙计

\<Power\>键：电源键，用于直接关闭电脑。

\<Sleep\>键：睡眠键，按下此按键可使操作系统进入睡眠状态。

\<Wake Up\>键：唤醒键，用于将系统从睡眠状态中唤醒。

2.1.3 编辑键区

编辑键区位于主键盘区的右侧,由 9 个编辑键和 4 个方向键组成,主要用来移动"|"标记和翻页,如图 2-7 与图 2-8 所示。

图 2-7

图 2-8

- <PrtSc SysRq> 键:屏幕打印键,按下该键屏幕上的内容即被复制到内存缓冲区。
- <Scroll Lock> 键:滚屏锁定键,当电脑屏幕处于滚屏状态时按下该键,可以让屏幕中显示的内容不再滚动,再次按下该键则可取消滚屏锁定。
- <Pause Break> 键:暂停键,按下此键可以暂停屏幕的滚动显示。
- <Insert> 键:插入键,位于控制键区的左上方,用于改变输入状态。在键盘上按下该键,电脑文字的输入状态在"插入"和"改写"状态之间切换。
- <Delete> 键:删除键,用于删除"|"标记右侧的字符。
- <Home> 键:首键,用于将"|"标记定位在所在行的行首。
- <End> 键:尾键,用于将"|"标记定位在所在行的行尾。
- <Page Up> 键:向上翻页键,按下该键屏幕中的内容向前翻一页。
- <Page Down> 键:向下翻页键,按下该键屏幕中的内容向后翻一页。
- <↑> 键:向上方向键,按下该键"|"标记上移一行。
- <↓> 键:向下方向键,按下该键"|"标记下移一行。
- <←> 键:向左方向键,按下该键"|"标记左移一个字符。
- <→> 键:向右方向键,按下该键"|"标记右移一个字符。

2.1.4 数字键区

数字键区即小键盘区,位于整个键盘的右侧,共包括 17 个键位,用于输入数字以及加、减、乘和除符号,如图 2-9 所示。

图 2-9

◆ 锦囊妙计

数字键区有数字键和编辑键的双重功能,当在键盘上按下 <Num Lock> 键锁定数字键区后,数字键区的按键具有键面下方显示的编辑键的功能。

2.1.5 状态指示灯区

状态指示灯区位于数字键区的上方,共包括 3 个状态指示灯,分别为数字键盘锁定灯、大写字母锁定灯和滚屏锁定灯,如图 2-10 所示。

图 2-10

◆ 知识拓展

<Num> 数字键盘锁定灯:当该灯亮时,表示数字键盘的数字键处于可用状态。

<Caps> 大写字母锁定灯:当该灯亮时,表示当前为输入大写字母状态。

<Scroll> 滚屏锁定灯:当该灯亮时,表示在 DOS 状态下可使屏幕滚动显示。

2.2 正确使用键盘

在使用键盘进行操作时,双手的 10 个手指在键盘上有明确的分工,使用正确的键位分工可以减少手指疲劳,增加打字速度,本节将详细介绍正确使用键盘的方法。

↑ 扫码看视频

2.2.1 手指的键位分工

基准键位位于主键盘区,是打字时确定其他键位置的标准,如图 2-11 所示。基准键共有 8 个,分别是 <A><S><D><F><J><K><L> 和 <;>,其中在 <F> 键和 <J> 键上分别有一个凸起的横杠,有助于盲打时手指的定位。

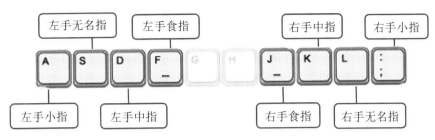

图 2-11

按照基准键位放好手指后,其他手指的按键位于该手指所在基准键位的斜上方或斜下方,大拇指放在 <Space> 键上,具体的手指分工如图 2-12 所示。

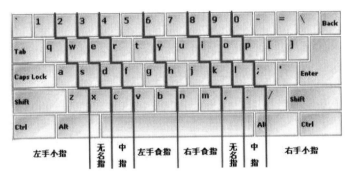

图 2-12

◆ 锦囊妙计

<A><S><D><F><J><K><L> 和 <;>8 个基准键又被称为导位键,可以帮助用户经由触觉取代眼睛,用来定位手或键盘上其他的键,其他所有的键都能经由导位键来定位。

2.2.2 正确的打字姿势

如果长时间在电脑前工作、学习或娱乐,很容易疲劳,学会正确的打字姿势可以有效减少疲劳感,下面详细介绍正确的打字姿势,如图 2-13 所示。

图 2-13

- 面向电脑平坐在椅子上,腰背挺直,全身放松。双手自然放置在键盘上,身体稍微前倾,双脚自然垂地。
- 电脑屏幕的最上方应比打字者的眼睛水平线低,眼睛距离电脑屏幕至少一个手臂的距离。

◆ **知识拓展**

身体直立,大腿保持与前手臂平行的姿势,手、手腕和手肘保持在一条直线上。椅子的高度与手肘保持90°弯曲,手指能够自然地放在键盘的正上方。在使用文稿时,将文稿放置在键盘的左侧,眼睛盯着文稿和电脑屏幕,不能盯着键盘。

2.3 认识鼠标

鼠标是电脑重要的输入设备之一,使用鼠标可以迅速地向电脑发布命令,从而快速地执行各种操作。本节将介绍认识与使用鼠标方面的知识。

↑扫码看视频

2.3.1 鼠标的外观

鼠标的外观酷似小老鼠,因此得名鼠标。按照鼠标的按键数量来说,目前比较常用的鼠标为三键鼠标,其按键包括鼠标左键、鼠标中键和鼠标右键,如图2-14所示。

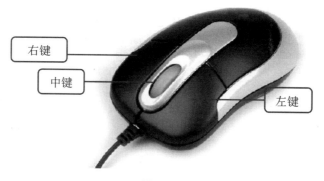

图2-14

◆ 锦囊妙计

鼠标是电脑显示系统纵横坐标定位的指示器，其标准称呼应该是"鼠标器"，英文名为"Mouse"，鼠标的使用是为了使电脑的操作更加简便快捷，来代替键盘复杂的指令。

2.3.2 鼠标的分类

鼠标按其工作原理的不同分为机械鼠标、光电鼠标和光机鼠标。机械鼠标主要由滚球、辊柱和光栅信号传感器组成。光电鼠标通过检测鼠标的位移，将位移信号转换为电脉冲信号，再通过程序的处理和转换来控制屏幕上的指针移动。为了克服纯机械式鼠标精度不高、机械结构容易磨损的弊端，罗技公司在 1983 年成功设计出第一款光学机械式鼠标，一般简称为光机鼠标。光机鼠标在纯机械式鼠标基础上进行改良，通过引入光学技术来提高鼠标的定位精度。

鼠标按接口类型可分为串行鼠标、PS/2 鼠标、总线鼠标、USB 鼠标四种。串行鼠标通过串行口与电脑相连，有 9 针接口、25 针接口两种。PS/2 鼠标通过一个六针微型 DIN 接口与电脑相连，它与键盘的接口非常相似，使用时注意区分。总线鼠标的接口在总线接口卡上。USB 鼠标通过一个 USB 接口直接插在电脑上。

按照外形鼠标可以分为两键鼠标、三键鼠标、滚轴鼠标和感应鼠标，其中两键鼠标已很少有人使用。

按照有无与主机连接的连线鼠标可以分为有线鼠标和无线鼠标。

◆ 锦囊妙计

无线鼠标的安装方法如下：首先要给无线鼠标安装上电池，把无线接收装置插到电脑上，然后将无线鼠标和无线接收装置进行对码，将无线鼠标底部的按钮与无线接收器上面的按钮按下，无线接收器上的指示灯会快速闪烁，表示对码成功。移动鼠标接收器上的指示灯会跟着快速闪烁，无线鼠标就能正常使用了。

2.3.3 使用鼠标的注意事项

使用鼠标进行操作时应小心谨慎，不正确的使用方法将损坏鼠标，使用鼠标时应注意以下几点：

1. 避免在衣物、报纸、地毯、糙木等光洁度不高的平面使用鼠标。
2. 禁止磕碰鼠标。
3. 鼠标不宜放在盒中被移动。
4. 禁止在高温强光下使用鼠标。

5．禁止将鼠标放入液体中。

光电鼠标中的发光二极管、光敏三极管都是怕震动的配件，使用时要注意尽量避免强力拉扯鼠标连线。

使用时要注意保持感光板的清洁和感光状态良好，避免灰尘附着在发光二极管和光敏三极管上，而遮挡光线接收，影响正常的使用。

◆ **知识拓展**

鼠标垫对鼠标是否好用有相当大的影响，它可以增加滚动球与鼠标垫之间的摩擦力，使操作更加得心应手。注意，华而不实的鼠标垫是不可取的，一定要选择一块表面平整、能对滚动球产生恰如其分的阻力的鼠标垫。

2.4 如何使用鼠标

在所有的电脑配件中，鼠标和我们的手是最密不可分的，电脑的大部分操作都是通过鼠标来实现的。鼠标在长时间、高频率的使用下，很容易就会损坏，要想延长鼠标的工作寿命，就要注意正确的使用方法。

↑扫码看视频

2.4.1 正确握持鼠标的方法

在使用鼠标的时候，右手的掌心要轻轻地压住鼠标，大拇指和小指自然地垂放在鼠标的两侧，食指和中指分别轻轻置于控制鼠标的左键和右键上，右手无名指自然垂下，如图2-15所示。

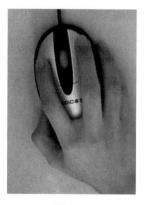

图 2-15

◆ **锦囊妙计**

手腕处有 9 个肌腱和 1 个神经，长期使用鼠标，手腕要承受密集、反复、过度的活动，局部的肿大会使腕管的容积减少，正中神经受到卡压，就导致了"鼠标手"。如果要想保护手腕，在移动鼠标时就不要使用腕力，而尽量靠臂力做，这样能够减少手腕用力；每工作 40 分钟到 1 个小时，就停下手中工作做一些握拳、手指用力张开等动作，可以大大降低"鼠标手"的患病几率。

2.4.2 不同鼠标指针的含义

鼠标不同的指针状态有不同的含义，我们如果能熟知各种不同的指针具有的不同含义，对于实际操作将产生很大的指导意义，下面详细介绍各种指针的含义。

15 种不同的鼠标指针大概可分为 3 类，一是选择方面，比如正常选择、帮忙选择、精确选择、文本选择、链接选择；二是移动方面，主要是在 Excel 中，比如垂直移动、水平移动、沿对角线移动，还有整列或整行的移动；三是其他方面，比如候选、忙、后台运行等。用户可以在【控制面板】→【鼠标】→【指针】选项卡中进行具体的鼠标指针含义设置，如图 2-16 所示。

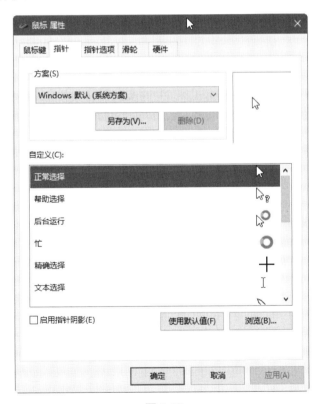

图 2-16

2.4.3 鼠标的基本操作

鼠标的基本操作有 5 种，分别为移动、单击、右键单击、双击和拖动，下面介绍鼠标的基本操作方法。

1. 移动

移动鼠标是指在操作系统中，将鼠标指针从一个位置移动到另一个位置，从而继续进行其他鼠标操作的过程。

2. 单击

单击亦称左键单击，是将鼠标指针移动到对象上方，按下鼠标左键的过程。

3. 右键单击

右键单击是指将鼠标指针移动到对象上方，按下鼠标右键的过程。

4. 双击

双击是指将鼠标指针移动到对象上方，连续两次按下鼠标左键的过程。

5. 拖动

拖动是指将鼠标指针定位在准备拖动的对象上方，按住鼠标左键不放，移动鼠标指针至另一位置的过程。

◆ **知识拓展**

如果电脑在启动后，屏幕上提示我们系统找不到鼠标，那我们该怎么办呢？有可能是用户忘了把鼠标连接到电脑上，或者是由于鼠标与电脑中的鼠标连接端口接触不良，如果是上述原因只要重新连接好鼠标就可以了。

2.5 实践操作与应用

通过本章的学习，读者基本可以掌握认识键盘、正确使用键盘、认识鼠标、如何使用鼠标等知识，下面通过练习操作，以达到巩固学习、拓展提高的目的。

2.5.1 更改鼠标双击的速度

用户可以根据自己的使用需要更改鼠标双击的速度，下面详细介绍更改鼠标双击速度的操作方法。

Step 01 在 Windows 10 操作系统的桌面上，**1.** 单击【有问题尽管问我】按钮；**2.** 在弹出的搜索框中输入"控制面板"；**3.** 单击搜索到的程序，如图 2-17 所示。

Step 02 打开【控制面板\所有控制面板项】窗口，**1.** 在【查看方式】列表框中选择【小图标】命令；**2.** 单击【鼠标】链接项，如图 2-18 所示。

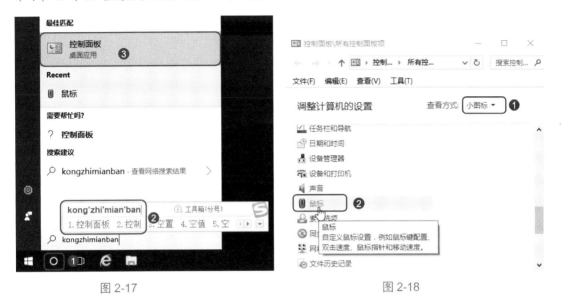

图 2-17　　　　　　　　　　　　　　图 2-18

Step 03 弹出【鼠标 属性】对话框，**1.** 在【鼠标键】选项卡中的【双击速度】区域中，移动速度滑块来改变双击速度；**2.** 设置完成后单击【确定】按钮即可完成操作，如图 2-19 所示。

图 2-19

◆ 锦囊妙计

用户还可以在【鼠标键】选项卡中设置单击锁定功能,勾选【启用单击锁定】复选框即可增加鼠标的单击锁定功能,还可以单击【设置】按钮进行具体的设置。

2.5.2 交换鼠标左键和右键的功能

在日常生活中,有些用户是左撇子,需要将鼠标的左右键功能进行交换,在 Windows 10 系统桌面上选择【控制面板】→【鼠标】→【鼠标键】命令,在打开的【鼠标 属性】对话框中勾选【切换主要和次要的按钮】复选框,单击【确定】按钮即可完成操作,如图 2-20 所示。

图 2-20

◆ 锦囊妙计

用户还可以在【指针选项】选项卡中勾选【自动将指针移动到对话框中的默认按钮】复选框,即可在打开对话框的时候自动将指针移动到对话框中的默认按钮上。

2.5.3 调整鼠标指针的移动速度

用户还可以根据自身使用习惯调整鼠标指针的移动速度，调整鼠标指针的移动速度的方法非常简单，下面详细介绍调整鼠标指针的移动速度的操作方法。

Step 01 在 Windows 10 操作系统的桌面上，**1.** 单击【有问题尽管问我】按钮；**2.** 在弹出的搜索框中输入"控制面板"；**3.** 单击搜索到的程序，如图 2-21 所示。

Step 02 打开【控制面板\所有控制面板项】窗口，**1.** 在【查看方式】列表框中选择【小图标】命令；**2.** 单击【鼠标】链接项，如图 2-22 所示。

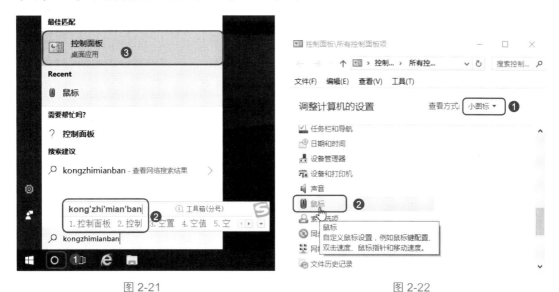

图 2-21　　　　　　　　　　　图 2-22

Step 03 弹出【鼠标 属性】对话框，**1.** 在【指针选项】选项卡中的【移动】区域中移动速度滑块来改变鼠标移动速度；**2.** 单击【确定】按钮即可完成操作，如图 2-23 所示。

图 2-23

◆ 锦囊妙计

除了上面介绍的可以设置指针移动速度的方法之外，用户还可以在【指针选项】选项卡中设置"在打字时隐藏指针"以及"当按CTRL键时显示指针的位置"。

2.5.4 鼠标的选购技巧

鼠标的选购主要由用途决定，下面为用户列举一些专业用途鼠标的选择。一般的家庭、办公用鼠标选择普通的三键鼠标即可，如图2-24所示。如果是用于专业的图形影像处理，则建议使用专业级别的鼠标，最好是有第二轨迹球、对第三或第四键要求更高的专业鼠标。这种专业级别的鼠标有更多功能，对专业的图形影像处理有事半功倍的效果，如图2-25所示。

图 2-24

图 2-25

图 2-26

如果用户使用笔记本电脑，常用投影仪做演讲，那么就应该使用遥控轨迹球无线鼠标，这种无线鼠标往往能发挥有线鼠标难以企及的作用，也可以省去带投影笔的麻烦，如图2-26所示。

◆ 知识拓展

DPI（Dots Per Inch，每英寸点数）是一个量度单位，用于点阵数码影像，指每一英寸长度中，取样、可显示或输出点的数目。DPI是打印机、鼠标等设备分辨率的度量单位。机械式鼠标的DPI一般有100、200、300几种；光学式鼠标则超过了400DPI，目前已经达到主流的800DPI。对于鼠标而言，分辨率越高，其精确度就越高，但要注意的是，并不是分辨率越高鼠标的整体性能就越好，对于显示器较小的用户来说，过高分辨率的鼠标会导致指针太过灵活，从而影响桌面操作。

第3章

进入绚丽多彩的 Windows 10 世界

本章要点

- 认识 Windows 10 桌面
- 【开始】屏幕的基本操作
- 桌面的基本操作
- 操作 Windows 10 窗口

本章主要内容

本章主要介绍了认识 Windows 10 桌面、【开始】屏幕的基本操作、桌面的基本操作等方面的知识与技巧，同时还讲解了如何操作 Windows 10 窗口，在本章的最后还针对实际的工作需求，讲解了使用虚拟桌面（多桌面）、添加"桌面"图标到工具栏和让桌面字体变得更大的方法。通过本章的学习，读者可以掌握 Windows 10 基础操作方面的知识，为深入学习 Windows 10 和 Office 2016 知识奠定基础。

3.1 认识 Windows 10 桌面

↑ 扫码看视频

进入 Windows 10 操作系统后，用户首先看到的就是 Windows 10 桌面，Windows 10 桌面由桌面图标、桌面背景、任务栏、任务视图等元素组成。本节将详细介绍有关 Windows 10 桌面的知识。

3.1.1 桌面图标

Windows 10 操作系统中所有的文件、文件夹和应用程序等都由相应的图标表示。桌面图标一般是由文字和图片组成的，文字是图标的名称或功能，图片是它的标识符。用户双击桌面上的图标，可以快速地打开相应的文件、文件夹或应用程序，如双击桌面上的【回收站】图标，即可打开【回收站】窗口，分别如图 3-1 和图 3-2 所示。

图 3-1

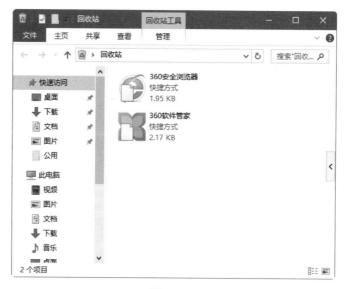

图 3-2

◆ 锦囊妙计

除了双击鼠标打开桌面图标之外，用户还可以用鼠标右键单击图标，在弹出的快捷菜单中选择【打开】命令，也可以打开桌面图标。另外，新安装的 Windows 10 操作系统的桌面一般只有【回收站】图标。

3.1.2 桌面背景

桌面背景是指 Windows 10 操作系统的桌面背景图案，也称为墙纸，用户可以根据需要设置桌面的背景图案，如图 3-3 所示为 Windows 10 操作系统的默认桌面背景。

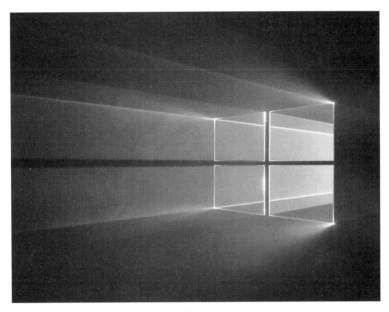

图 3-3

◆ 锦囊妙计

在一般情况下，桌面背景可以是个人手机的数字图片、Windows 操作系统提供的图片、纯色或带有颜色框架的图片，也可以是幻灯片图片，甚至动态图片。

3.1.3 任务栏

任务栏位于桌面底部，主要由【开始】按钮、【有问题尽管问我】按钮、【任务视图】按钮、快速启动区、通知区域和【显示桌面】按钮组成，如图 3-4 所示。

图 3-4

在默认情况下，通知区域位于任务栏的右侧。它包含一些程序图标，这些程序图标显示有关的电子邮件、更新、网络连接等事项的状态和通知。在安装新程序时，可以将此程序的图标添加到通知区域。

◆ 锦囊妙计

单击桌面左下角的【开始】按钮，或按下 <Windows> 键，即可打开【开始】屏幕。在 Windows 10 中，搜索框和 Cortana 高度集成，在搜索框中直接输入关键词，或者打开【开始】屏幕菜单输入关键词，即可搜索相关的桌面程序、网页、我的资料等。

3.1.4 任务视图

任务视图 是 Windows 10 系统中新增的一项功能，通俗地说，其功能主要用来增强用户体验，它具有能够同时以缩略图的形式，全部展示电脑中打开的软件、浏览器、文件等任务界面，方便用户快速进入指定应用程序或者关闭某个应用的功能。

◆ 知识拓展

单击【任务视图】按钮，可以看到当前桌面的缩略图，以及在右下角会出现一个【+新建桌面】按钮，底部会出现一个列表，并且多了一个"桌面2"，这样即可创建多个桌面。多桌面的主要作用就是更系统地管理自己的桌面环境，可以将应用、软件、文件等分门别类地放置在不同的桌面上。

3.2 【开始】屏幕的基本操作

在 Windows 10 操作系统中，【开始】屏幕有了一些变化，Windows 10-14342 版本操作系统取消了【开始】屏幕中的【所有程序】，单击【开始】按钮以后，就能查看【开始】屏幕中的所有项目。

↑扫码看视频

3.2.1 认识【开始】屏幕

单击桌面左下角的【开始】按钮，即可弹出【开始】屏幕工作界面。它主要由【展开】按钮 、【用户名】（Administrator）按钮 、【文件资源管理器】按钮 、【设置】按钮 、【电源】按钮 、所有应用程序和【动态磁贴】面板等组成，如图3-5所示。

第 3 章　进入绚丽多彩的 Windows 10 世界

图 3-5

◆ 锦囊妙计

　　【开始】屏幕中的按钮和【动态磁贴】面板中的程序不是一成不变的，用户可以根据自己的使用习惯来进行设置，单击【设置】按钮，在弹出的【设置】窗口中单击【个性化】按钮，在弹出的【个性化】窗口中选择【开始】选项卡，用户可以在其中设置属于自己的【开始】屏幕。

3.2.2 将应用程序固定到【开始】屏幕

　　在系统默认的情况下，【开始】屏幕主要包含了生活动态及播放和浏览的主要应用程序，用户可以根据需要将应用程序添加到【开始】屏幕中。
　　单击【开始】按钮，在程序列表中右键单击要固定到【开始】屏幕的程序，在弹出的快捷菜单中选择【固定到"开始"屏幕】命令，即可将程序固定到【开始】屏幕中，如图 3-6 所示。如果要从【开始】屏幕中取消固定，右键单击【开始】屏幕中的程序，在弹出的快捷菜单中选择【从"开始"屏幕取消固定】命令即可，如图 3-7 所示。

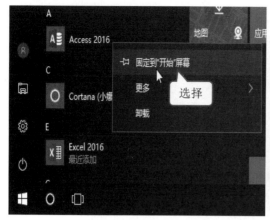

图 3-6　　　　　　　　　　　　　　图 3-7

3.2.3 将应用程序固定到任务栏

用户除了可以将应用程序固定到【开始】屏幕外，还可以将应用程序固定到任务栏中的快速启动区，在使用程序时可快速启动。

在【开始】屏幕中用鼠标右键单击准备要添加到任务栏中的程序，在弹出的快捷菜单中选择【更多】→【固定到任务栏】命令，即可将应用程序固定到任务栏中，如图3-8所示。

对于不常用的应用程序，用户也可以将其从任务栏中删除，用鼠标右键单击需要删除的应用程序，在弹出的快捷菜单中选择【从任务栏取消固定】命令，如图3-9所示。

图 3-8　　　　　　　　　　　　　　图 3-9

◆ 锦囊妙计

用户还可以通过拖动鼠标，调整任务栏中应用程序的顺序。此外，任务栏上程序图标的大小也是可以进行设置的。

3.2.4 打开与关闭动态磁贴

动态磁贴（Live Tile）是【开始】屏幕界面中的图形方块，也叫磁贴，通过磁贴可以快速打开应用程序，磁贴中的信息是根据时间或发展动态变化的。

在磁贴上单击鼠标右键，在弹出的快捷菜单中选择【更多】→【关闭动态磁贴】或【打开动态磁贴】命令，即可关闭或打开磁贴的动态显示，分别如图3-10和图3-11所示。

图 3-10

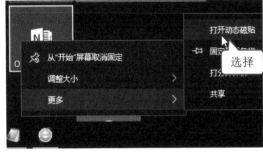
图 3-11

◆ 锦囊妙计

在磁贴上单击鼠标右键，在弹出的快捷菜单中选择【调整大小】命令，在弹出的子菜单中有4种显示方式可供选择，包括小、中、宽和大，选择相应的命令，即可调整磁贴的大小。

3.2.5 调整【开始】屏幕大小

如果要全屏幕显示【开始】屏幕，在【开始】屏幕中执行【设置】→【个性化】→【开始】命令，将【使用全屏幕"开始"屏幕】选项的开关设置为【开】，如图3-12所示。

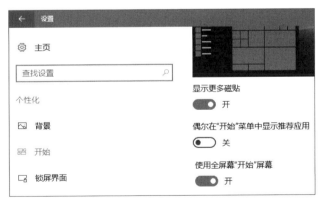
图 3-12

◆ 知识拓展

动态磁贴不仅可以调整大小，还可以调整位置，选择要调整位置的磁贴，单击鼠标左键不放，拖动至任意位置或分组，即可完成调整动态磁贴位置的操作。

3.3 桌面的基本操作

↑扫码看视频

在 Windows 10 操作系统中，所有的文件、文件夹及应用程序都有形象化的图标，在桌面上的图标被称为桌面图标，双击桌面图标可以快速打开相应的文件、文件夹或应用程序。

3.3.1 添加常用的桌面图标

用户可以根据自身的办公需要添加经常使用的应用程序图标到桌面上，方便平时快速打开该程序，下面详细介绍添加桌面图标的操作方法。

Step 01 在桌面空白处单击鼠标右键，在弹出的快捷菜单中选择【个性化】命令，如图 3-13 所示。

Step 02 在打开的【设置】窗口中，**1.** 选择【主题】选项卡；**2.** 单击右侧【桌面图标设置】链接项，如图 3-14 所示。

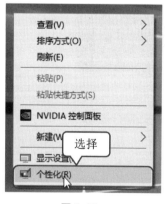

图 3-13

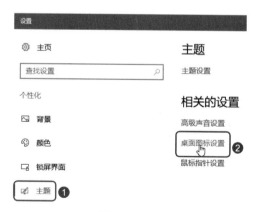

图 3-14

Step 03 在弹出的【桌面图标设置】对话框中，**1.** 勾选准备添加的应用程序图标复选框；**2.** 单击【确定】按钮，如图 3-15 所示。

Step 04 返回到桌面，可以看到刚刚选择的应用程序图标已经添加到桌面上，如图 3-16 所示。

图 3-15

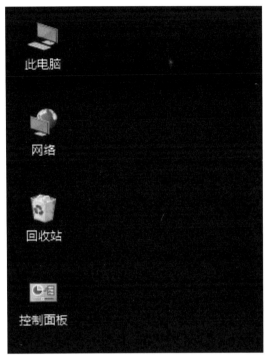

图 3-16

◆ 锦囊妙计

除了上面介绍的打开【个性化】窗口的方法外，在【开始】屏幕中单击【设置】按钮，在弹出的【设置】窗口中单击【个性化】按钮也可以进入【个性化】窗口。

3.3.2 添加桌面快捷图标

为了方便使用，用户可以将文件、文件夹和应用程序的图标添加到桌面上，下面详细介绍其操作方法。

Step 01 在桌面上，**1.** 单击【开始】按钮；**2.** 在弹出的【开始】屏幕中用鼠标左键按住准备创建快捷方式的程序，如【腾讯 QQ】程序，将其拖动至桌面上，如图 3-17 所示。

Step 02 释放鼠标左键，可以看到桌面上已经添加了一个【腾讯 QQ】程序图标，如图 3-18 所示。通过以上步骤即可完成添加桌面快捷图标的操作。

图 3-17　　　　　　　　　　　　　　图 3-18

◆ **锦囊妙计**

　　如果想把文件夹添加到桌面上，可以用鼠标右键单击文件夹，在弹出的快捷菜单中选择【发送到】命令，在弹出的子菜单中选择【桌面快捷方式】命令即可将文件夹添加到桌面上。

3.3.3 设置图标的大小及排列

在桌面空白处单击鼠标右键，在弹出的快捷菜单中选择【查看】命令，在弹出的子菜单中显示 3 种图标大小：大图标、中等图标和小图标，用户可以根据需要进行选择，如图 3-19 所示。

在桌面空白处单击鼠标右键，在弹出的快捷菜单中选择【排序方式】命令，在弹出的子菜单中有 4 种排列方式，分别为名称、大小、项目类型和修改日期，用户可以根据需要进行选择，如图 3-20 所示。

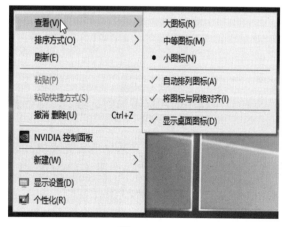

图 3-19　　　　　　　　　　　　　　图 3-20

3.3.4 更改桌面图标

用户还可以更改桌面图标的标识，更改桌面图标标识的操作非常简单，下面详细介绍更改桌面图标标识的方法。

Step 01 在桌面空白处单击鼠标右键，在弹出的快捷菜单中选择【个性化】命令，如图 3-21 所示。

Step 02 在打开的【设置】窗口中，*1.* 选择【主题】选项卡；*2.* 单击右侧【桌面图标设置】链接项，如图 3-22 所示。

图 3-21

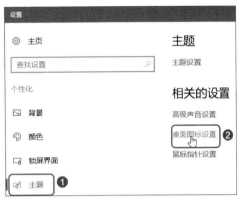

图 3-22

Step 03 在弹出的【桌面图标设置】对话框中，单击【更改图标】按钮，如图 3-23 所示。

Step 04 在弹出的【更改图标】对话框中，*1.* 在【从以下列表中选择一个图标】列表框中选择一个图标；*2.* 单击【确定】按钮，如图 3-24 所示。

图 3-23

图 3-24

Step 05 返回到桌面，可以看到此电脑的图标已经更改，如图 3-25 所示。

图 3-25

◆ 锦囊妙计

除了可以更改桌面图标的标识外，还可以更改图标的名称，用鼠标右键单击需要更改名称的图标，在弹出的快捷菜单中选择【重命名】命令，图标名称进入编辑状态，输入新的名称，按下 <Enter> 键即可完成操作。

3.3.5 删除桌面图标

对于不常用的桌面图标，用户可以将其删除，这样不仅有利于管理，还能使桌面看起来更简洁美观。

在桌面上用鼠标右键单击【腾讯QQ】图标，在弹出的快捷菜单中选择【删除】命令即可将该图标删除，如图 3-26 所示。

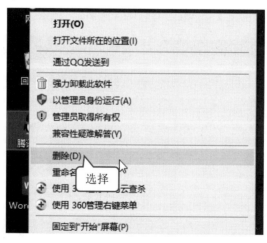

图 3-26

◆ 知识拓展

被删除的图标放在【回收站】中，用户可以将其还原，在【回收站】中用鼠标右键单击图标，在弹出的快捷菜单中选择【还原】命令即可。

3.4 操作 Windows 10 窗口

↑扫码看视频

在 Windows 10 操作系统中，窗口是用户界面中最重要的组成部分，对窗口的操作是最基本的操作。本节将介绍窗口的组成元素、打开和关闭窗口、移动窗口的位置、调整窗口的大小等内容。

3.4.1 窗口的组成元素

窗口是屏幕上一个与应用程序相对应的矩形区域，是用户与产生该窗口的应用程序之间的可视界面。当用户开始运行一个应用程序时，应用程序就创建并显示一个窗口；当用户操作窗口中的对象时，该应用程序会做出相应的反应。用户可以通过关闭一个窗口来终止一个程序的运行，也可以通过选择相应的应用程序窗口来选择相应的应用程序。

如图 3-27 所示为【此电脑】窗口，其由标题栏、菜单栏、快速访问工具栏、地址栏、控制按钮区、搜索框、导航窗格、内容窗口、状态栏和视图按钮等部分组成。

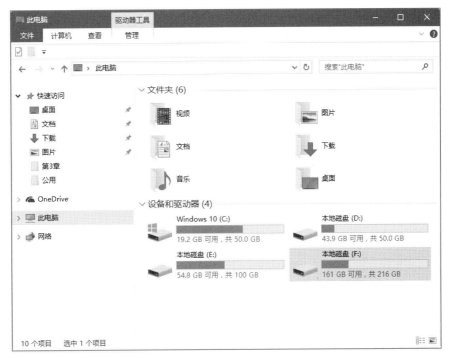

图 3-27

1. 标题栏

标题栏位于窗口的最上方，显示了当前的目录位置。标题栏右侧分别为【最小化】【最大化/还原】和【关闭】3 个按钮，单击相应的按钮可以执行相应的窗口操作，如图 3-28 所示。

图 3-28

2. 菜单栏

菜单栏位于标题栏的下方，包含了当前窗口或窗口内容的一些常用操作菜单，在菜单栏的右侧为【展开功能区/最小化功能区】和【帮助】按钮，如图 3-29 所示。

图 3-29

3. 快速访问工具栏

快速访问工具栏位于菜单栏的下方，显示了【属性】【新建文件夹】【自定义快速访问工具栏】3 个按钮，如图 3-30 所示。

单击【自定义快速访问工具栏】按钮，弹出下拉列表，用户可以勾选列表中的功能命令选项，将其添加到快速访问工具栏中，如图 3-31 所示。

图 3-30

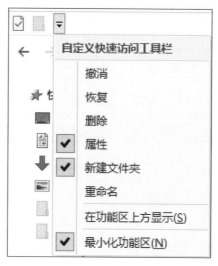

图 3-31

4. 地址栏

地址栏位于快速访问工具栏的下方，主要反映了从根目录开始到现在所在目录的路径。单击地址栏即可看到具体的路径，如图 3-32 所示。

图 3-32

5. 控制按钮区

控制按钮区位于地址栏的左侧，主要用于返回、上移到前一个目录位置或前进到下一个目录位置。单击折叠按钮，打开下拉菜单，可以查看最近访问的位置信息。单击下拉菜单中的位置信息，可以快速进入该位置目录，如图 3-33 所示。

6. 搜索框

搜索框位于地址栏的右侧，通过在搜索框中输入要查看信息的关键字，可以快速查找当前目录中相关的文件、文件夹，如图 3-34 所示。

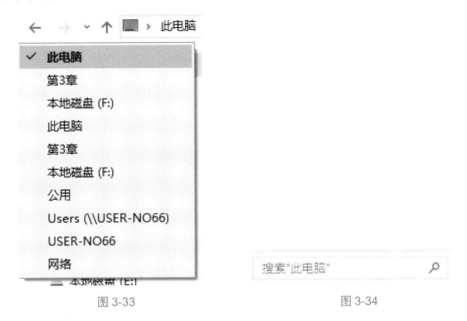

图 3-33 图 3-34

7. 导航窗格

导航窗格位于控制按钮区的下方，显示了电脑中包含的目录，如快速访问、OneDrive、此电脑、网络等，用户可以通过左侧的导航窗格，快速访问相应的目录。另外，用户也可以单击导航窗格中的【展开】按钮或【折叠】按钮，显示或隐藏详细的子目录，如图 3-35 所示。

图 3-35

8. 内容窗口

内容窗口位于导航窗格的右侧，是显示当前目录内容的区域，也叫工作区域，如图 3-36 所示。

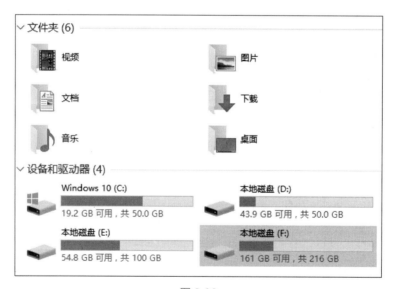

图 3-36

9. 状态栏

状态栏位于导航窗格的下方，显示当前目录文件中的项目数量，也会根据用户选择的内容，显示所选文件或文件夹的数量、容量等属性信息，如图 3-37 所示。

第 3 章　进入绚丽多彩的 Windows 10 世界

图 3-37

10. 视图按钮

视图按钮位于状态栏的右侧，包含了【在窗口中显示每一项的相关信息】和【使用大缩略图显示项】两个按钮，用户可以选择视图方式，如图 3-38 所示。

图 3-38

3.4.2 打开和关闭窗口

打开和关闭窗口是最基本的操作，本节主要介绍其操作方法。

1. 打开窗口

用鼠标右键单击程序图标，在弹出的快捷菜单中选择【打开】命令，如图 3-39 所示。

2. 关闭窗口

在窗口使用完毕后，用户可以将其关闭，单击窗口右上角的【关闭】按钮，即可将当前窗口关闭，如图 3-40 所示。

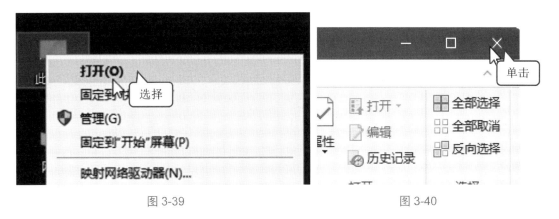

图 3-39　　　　　　　　　　图 3-40

◆ 锦囊妙计

在标题栏上单击鼠标右键，在弹出的快捷菜单中选择【关闭】命令可以关闭窗口，或者在任务栏上用鼠标右键单击程序，在弹出的快捷菜单中选择【关闭窗口】命令也可以关闭窗口。

3.4.3 移动窗口的位置

当窗口没有处于最大化或最小化状态时,将鼠标指针放在需要移动位置的窗口的标题栏上,按住鼠标左键不放,拖动标题栏到需要移动到的位置,松开鼠标,即可完成窗口位置的移动。

3.4.4 调整窗口的大小

在默认情况下,打开的窗口大小和上次关闭时的大小一样。用户将鼠标指针移动到窗口的边缘,当鼠标指针变为↕或↔形状时,可上下或左右移动边框以纵向或横向改变窗口大小。将鼠标指针移动到窗口的任意角点,当鼠标指针变为↖或↗形状时,拖动鼠标,可沿水平和垂直两个方向等比例放大或缩小窗口,分别如图 3-41 和图 3-42 所示。

图 3-41

图 3-42

◆ **锦囊妙计**

单击窗口右上角的【最小化】按钮,可以使当前窗口最小化;单击【最大化】按钮,可以使当前窗口最大化;在窗口最大化时,单击【向下还原】按钮,可还原到窗口最大化之前的大小。

3.4.5 切换当前活动窗口

如果同时打开了多个窗口,用户有时会需要在各个窗口之间进行切换操作。

1. 使用鼠标切换

使用鼠标在需要切换的窗口中任意位置单击,该窗口即可出现在所有窗口的最前面。

另外,将鼠标指针停留在任务栏的某个程序图标上,该程序图标上方会显示该程序的预览小窗口,在预览小窗口中移动鼠标指针,桌面上也会同时显示该程序中的某个窗口。

如果是需要切换的窗口，单击该窗口，该窗口即可显示在桌面上，如图 3-43 所示。

图 3-43

2. 使用 <Alt>+<Tab> 组合键切换

在 Windows 10 操作系统中，使用主键盘区中的 <Alt>+<Tab> 组合键切换窗口时，桌面中间会出现当前打开的各程序预览小窗口，按住 <Alt> 键不放，每按一次 <Tab> 键，就会切换一次，直至切换到需要打开的窗口，如图 3-44 所示。

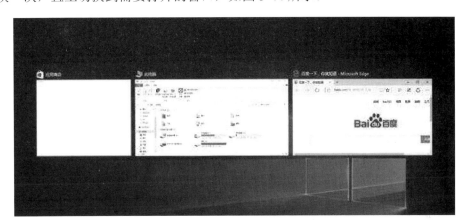

图 3-44

◆ 锦囊妙计

在 Windows 10 操作系统中，按下键盘主键盘区中的 <Windows>+<Tab> 组合键或单击【任务视图】按钮，即可显示当前桌面环境中的所有窗口缩略图，在需要切换的窗口上单击，即可快速切换到该窗口。

3.4.6 窗口贴边显示

在 Windows 10 操作系统中，如果需要同时处理两个窗口，可以按住一个窗口的标题栏，拖动至屏幕左右边缘或角落位置，窗口会出现气泡，此时松开鼠标，窗口即会贴边显示。

3.5 实践操作与应用

通过 3.1 节到 3.4 节的学习，读者基本可以掌握【开始】屏幕和桌面的基本操作及操作 Windows 10 窗口的方法，下面通过练习操作，以达到巩固学习、拓展提高的目的。

3.5.1 使用虚拟桌面（多桌面）

使用虚拟桌面的方法非常简单，下面详细介绍使用虚拟桌面的操作方法。

Step 01 单击任务栏上的【任务视图】按钮，如图 3-45 所示。

Step 02 进入虚拟桌面操作界面，单击【新建桌面】按钮，如图 3-46 所示。

图 3-45　　　　　　　　　　图 3-46

Step 03 新建一个桌面，系统会自动命名为"桌面 2"，如图 3-47 所示。

Step 04 进入"桌面 1"操作界面，用鼠标右键单击一个窗口图标，在弹出的快捷菜单中选择【移至】→【桌面 2】命令，如图 3-48 所示。

 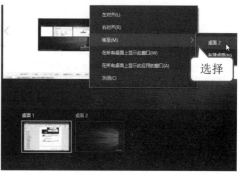

图 3-47　　　　　　　　　　图 3-48

3.5.2 添加"桌面"图标到工具栏

将"桌面"图标添加到工具栏,可以通过单击该图标,快速打开桌面上的应用程序,下面详细介绍添加"桌面"图标到工具栏的操作方法。

Step 01 用鼠标右键单击任务栏空白处,**1.** 在弹出的快捷菜单中选择【工具栏】命令;**2.** 在弹出的子菜单中选择【桌面】命令,如图 3-49 所示。

Step 02 可以看到"桌面"图标已经添加到工具栏中,通过以上步骤即可完成添加"桌面"图标到工具栏的操作,如图 3-50 所示。

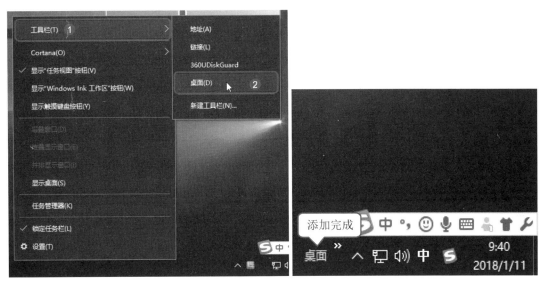

图 3-49　　　　　　　　　　图 3-50

◆ **锦囊妙计**

单击添加的"桌面"图标右侧的 >> 按钮,在弹出的下拉列表中选择相应命令,可以快速打开桌面上的功能。

3.5.3 让桌面字体变得更大

通过对显示的设置,可以让桌面的字体变得更大,下面详细介绍让桌面字体变得更大的操作方法。

Step 01 用鼠标右键单击系统桌面空白处,在弹出的快捷菜单中选择【显示设置】命令,如图 3-51 所示。

Step 02 打开【设置】窗口,**1.** 选择【显示】选项卡;**2.** 滑动【更改文本、应用和其他项目的大小:100%(推荐)】选项下方的滑块即可更改桌面字体的大小,如图 3-52 所示。

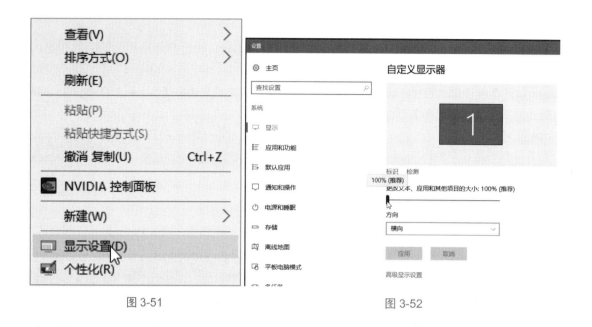

图 3-51　　　　　　　　　　　图 3-52

◆ 知识拓展

在【设置】窗口中，还可以设置显示的方向，单击【方向】下拉按钮，在弹出的下拉列表中包括 4 种方向，分别是【横向】【纵向】【横向（翻转）】【纵向（翻转）】，用户可以根据自身习惯进行选择。

第4章

轻松管理电脑中的文件

本章要点

- 文件和文件夹
- 文件资源管理器
- 文件与文件夹的基本操作
- 搜索文件或文件夹
- 使用回收站

本章主要内容

本章主要介绍了认识文件和文件夹、文件资源管理器、文件与文件夹的基本操作、搜索文件或文件夹方面的知识与技巧，同时还讲解了如何使用回收站。在本章的最后还针对实际的工作需求，讲解了隐藏/显示文件或文件夹、加密文件或文件夹及显示文件的扩展名的方法。通过本章的学习，读者可以掌握对电脑中文件和文件夹基础操作方面的知识，为深入学习 Windows 10 与 Office 2016 知识奠定基础。

4.1 文件和文件夹

电脑中的数据都是以文件的形式保存的,而文件夹则用来分类电脑中的文件。如果准备在电脑中存储数据,那么就需要了解电脑中各种资源的专业术语,本节将介绍文件和文件夹方面的知识。

↑扫码看视频

4.1.1 磁盘分区与盘符

电脑中的主要存储设备为硬盘,但是硬盘不能直接存储资料,需要将其划分为多个空间,而划分出的空间即为磁盘分区,如图4-1所示。磁盘分区是使用分区编辑器(Partition Editor)在磁盘上划分的几个逻辑部分,盘片一旦划分成数个分区,不同类的目录与文件可以存储进不同的分区。分区越多,也就有越多不同的地方,可以将文件的性质区分得更细,但太多分区也会给查找文件造成麻烦。

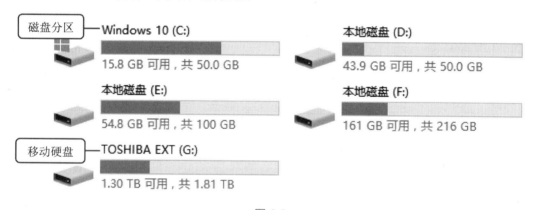

图4-1

Windows 10 系统一般是用【此电脑】来存放文件,此外,也可以用移动存储设备来存放文件,如U盘、移动硬盘及手机的内部存储等。理论上来说,文件可以存放在【此电脑】的任意位置,但是为了便于管理,文件应按性质分盘存放。

通常情况下,电脑的硬盘最少需要划分为3个分区:C盘、D盘和E盘。

C盘主要用来存放系统文件。所谓系统文件,是指操作系统和应用软件中的系统操作部分。一般情况下系统都会被默认安装在C盘,包括常用的程序。

D盘主要用来存放应用软件文件,如Office、Photoshop等程序。一般小的软件,如RAR压缩软件等可以安装在C盘;对于大的软件,如3ds Max等,需要安装在D盘,这样可以少用 C 盘的空间，从而提高系统运行的速度。

E 盘用来存放用户自己的文件，如用户自己的电影、图片和 Word 资料文件等。如果硬盘还有多余空间，可以添加更多的分区。

◆ 锦囊妙计

几乎所有的软件默认的安装路径都是在 C 盘，电脑用得越久，C 盘被占用的空间越多。随着时间的推移，系统反应会越来越慢。所以，安装软件时，需要根据自身情况改变安装路径。

4.1.2 什么是文件

在 Windows 10 操作系统中，文件是单个名称在电脑中存储信息的集合，是最基础的存储单位。在电脑中，一篇文稿、一组数据、一段声音和一张图片等都属于文件，如图 4-2 所示为一段声音文件。每个文件都有自己唯一的名称，Windows 10 操作系统正是通过文件的名字来对文件进行管理的。

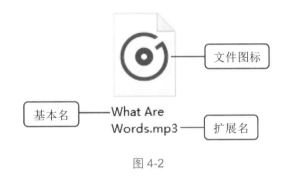

图 4-2

在 Windows 10 操作系统中，文件名由"基本名"和"扩展名"构成，它们之间用英文"."隔开。文件图标和扩展名代表了文件的类型，看到文件图标，知道文件的扩展名，就能判断出文件的类型。文件命名有以下规则：

➤ 文件名称长度最多可达 256 个字符，1 个汉字相当于 2 个字符。
➤ 文件名称中不能出现这些字符：斜线（\、/）、竖线（|）、小于号（<）、大于号（>）、冒号（:）、引号（""）、问号（?）、星号（*）。
➤ 文件命名不区分大小写字母，如 "abc.txt" 和 "ABC.txt" 是同一个文件名。
➤ 同一个文件夹下的文件名称不能相同。

◆ 锦囊妙计

Windows 10 操作系统与 DOS 操作系统最显著的差别就是 Windows 10 操作系统支持长文件名，在文件和文件夹名称中允许出现空格。在 Windows 10 操作系统中，默认情况下系统自动按照类型显示和查找文件，有时为了方便查找和转换，也可以为文件指定扩展名。

4.1.3 什么是文件夹

文件夹是电脑中用于分类存储资料的一种工具，可以将多个文件或文件夹放置在一个文件夹中，从而对文件或文件夹分类管理。文件夹由文件夹图标和文件夹名称组成，如图4-3所示。

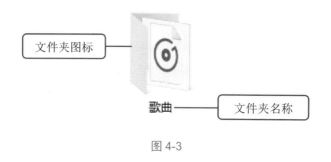

图 4-3

文件夹命名有以下规则：
- 文件夹名称长度最多可达256个字符，1个汉字相当于2个字符。
- 文件夹名称中不能出现这些字符：斜线（\、/）、竖线（｜）、小于号（<）、大于号（>）、冒号（：）、引号（""）、问号（？）、星号（*）。
- 文件夹命名不区分大小写字母，如"abc"和"ABC"是同一个文件夹名。
- 文件夹通常没有扩展名。
- 同一个文件夹中的文件夹不能同名。

◆ 锦囊妙计

 如果想要查看文件夹的大小，可以用鼠标右键单击文件夹，在弹出的快捷菜单中选择【属性】命令，在弹出的【属性】对话框中的【常规】选项卡中，即可查看文件夹的大小。

4.1.4 文件和文件夹存放位置

电脑中的文件和文件夹一般存放在本台电脑中的磁盘或【Administrator】文件夹中。【Administrator】文件夹是 Windows 10 中的一个系统文件夹，是系统为每个用户建立的文件夹，主要用于保存文档、图形，当然也可以保存其他任何文件，如图4-4所示。对于常用的文件，用户可以将其放在【Administrator】文件夹中，以便及时调用。

在默认情况下，在桌面上并不显示【Administrator】文件夹，用户可以通过勾选【桌面图标设置】对话框中的【桌面图标】区域中的【用户的文件】复选框，如图4-5所示，将【Administrator】文件夹放置在桌面上，然后双击该图标，打开【Administrator】文件夹。

图 4-4

图 4-5

4.1.5 文件和文件夹的路径

文件和文件夹的路径标识文件或文件夹的位置,路径在标识的时候有绝对路径和相对路径两种方法。

绝对路径是从根文件夹开始的表示方法,根通常用"\"来表示,如 C:\Windows\System32 表示 C 盘下的 Windows 文件夹下的 System32 文件夹。根据文件或文件夹提供的路径,用户可以在电脑上找到该文件或文件夹的存放位置,如图 4-6 所示为 C 盘下的 Windows 文件夹下的 System32 文件夹。

图 4-6

◆ 知识拓展

相对路径是从当前文件夹开始的标识方法，如文件夹为 C:\Windows，如果要表示它下面的 System32 下面的 ebd 文件夹，则可以表示为 System32\ebd，而用绝对路径应写为 C:\Windows\System32\ebd。

4.2 文件资源管理器

在 Windows 10 操作系统中，用户打开文件资源管理器时默认显示的是快速访问界面，在快速访问界面中用户可以看到常用的文件夹，最近使用的文件等信息。

↑扫码看视频

4.2.1 文件资源管理功能区

在 Windows 10 操作系统中，文件资源管理器采用了 Ribbon 界面，最明显的标识就是采用了标签页和功能区的形式，便于用户的管理。本节将详细介绍 Ribbon 界面，使用户可以通过新的功能区，方便对文件和文件夹进行管理。

在文件资源管理器中，默认隐藏功能区，用户可以单击窗口最右侧的向下按钮或按 <Ctrl>+<F> 组合键展开或隐藏功能区，如图 4-7 所示。另外，进入选项卡，也可以显示功能区。

图 4-7

在 Ribbon 界面中，主要包含【文件】【主页】【共享】和【查看】4 个选项卡，选择不同的选项卡，则包含不同类型的命令。

1. 【文件】选项卡

选择【文件】选项卡，在弹出的菜单中包含【打开新窗口】【打开命令提示符】【打开 Windows PowerShell】【更改文件夹和搜索选项】【帮助】及【关闭】6 个命令，右侧还会显示最近用户经常访问的"常用位置",如图 4-8 所示。

图 4-8

2.【主页】选项卡

【主页】选项卡主要包含对文件或文件夹的复制、移动到、粘贴、重命名、删除和选择等操作,如图 4-9 所示。

图 4-9

3.【共享】选项卡

【共享】选项卡中主要包含对文件的发送和共享操作,如压缩、刻录到光盘、打印等,如图 4-10 所示。

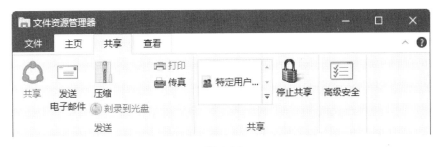

图 4-10

4.【查看】选项卡

【查看】选项卡主要包含对窗格、布局、当前视图和显示/隐藏等操作，如图 4-11 所示。

图 4-11

◆ 锦囊妙计

除了上述主要的选项卡外，当文件夹中包含图片时，则会出现【图片工具】选项卡；当文件夹中包含音乐文件时，则会出现【音乐工具】选项卡。另外，还有【管理】【解压缩】【应用程序工具】等选项卡。

4.2.2 常用文件夹

文件管理器窗口中的常用文件夹包括桌面、下载、文档和图片 4 个固定的文件夹，另外的文件夹是用户最近常用的文件夹。通过常用文件夹，用户可以打开文件夹来查看其中的文件，下面详细介绍其操作方法。

Step 01 在桌面上，**1.** 单击【开始】按钮；**2.** 在弹出的【开始】屏幕中单击【文件资源管理器】按钮，图 4-12 所示。

Step 02 打开【文件资源管理器】窗口，在常用文件夹区域双击准备打开的文件夹名称，如【图片】文件夹，如图 4-13 所示。

图 4-12

图 4-13

第 4 章 轻松管理电脑中的文件

Step 03 打开【图片】文件夹，在其中可以看到该文件夹包含的图片信息，如图 4-14 所示。

图 4-14

4.2.3 打开和关闭文件或文件夹

用鼠标右键单击需要打开的文件或文件夹，在弹出的快捷菜单中选择【打开】命令即可打开该文件或文件夹，如图 4-15 所示。

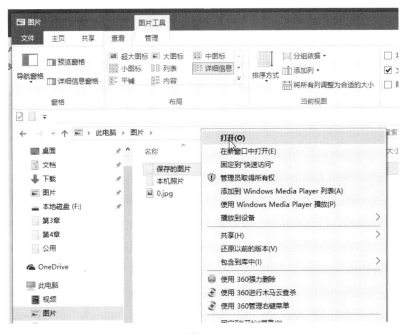

图 4-15

一般文件的打开都和相应的软件有关，在软件的右上角都有【关闭】按钮，单击该按钮即可关闭文件，如图 4-16 所示为写字板软件的【关闭】按钮。

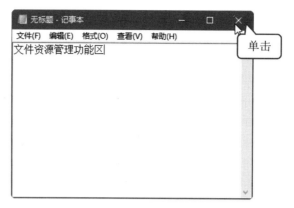

图 4-16

◆ 锦囊妙计

对于文件的打开，用户还可以用鼠标右键单击该文件，在弹出的快捷菜单中选择【打开方式】命令，弹出【你要如何打开这个文件】对话框，在其中选择打开文件的应用程序，单击【确定】按钮即可打开该文件。

4.2.4 将文件夹固定在"快速访问"列表中

对于常用的文件夹，用户可以将其固定在"快速访问"列表中，下面详细介绍操作方法。

Step 01 用鼠标右键单击准备固定的文件夹，如【视频】文件夹，在弹出的快捷菜单中选择【固定到"快速访问"】命令，如图 4-17 所示。

Step 02 打开【文件资源管理器】窗口，可以看到选中的文件夹已经固定到"快速访问"列表中，如图 4-18 所示。

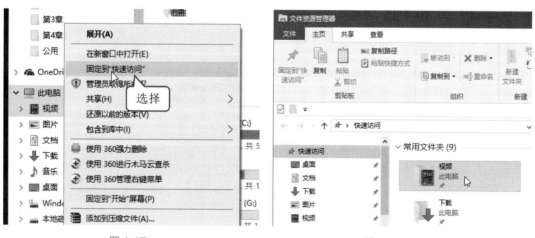

图 4-17 　　　　　　　　　图 4-18

4.3 文件与文件夹的基本操作

用户要想管理电脑中的数据，首先要掌握文件或文件夹的基本操作。文件或文件夹的基本操作包括创建文件或文件夹、打开文件或文件夹、复制和移动文件或文件夹、删除文件或文件夹、重命名文件或文件夹。

↑扫码看视频

4.3.1 查看文件或文件夹（视图）

在文件夹窗口中选择【查看】选项卡，在【布局】组中可以看到当前文件或文件夹的布局方式，如图4-19所示。

图 4-19

◆ 锦囊妙计

单击【当前视图】组中的【排序方式】按钮，在弹出的下拉列表中可以选择文件或文件夹的排序方式，排序方式包括名称、日期、类型、大小、标记、创建日期、修改日期、递增、递减、选择列等，排序方式会根据文件的类型有所改变，如图片文件增加拍摄日期、音乐文件增加比特率等排序方式。

4.3.2 创建文件或文件夹

创建文件或文件夹是最基本的操作，下面详细介绍创建文件和文件夹的操作方法。

1. 创建文件

通过【新建】命令来创建新文件的方法非常简单，下面详细介绍其操作方法。

Step 01 在文件夹窗口的空白处单击鼠标右键，**1.** 在弹出的快捷菜单中选择【新建】命令；**2.** 在弹出的子菜单中选择【Microsoft Word 文档】命令，如图 4-20 所示。

Step 02 可以看到窗口中已经新建了一个 Word 文档，文档名字处于选中状态，输入新名称，如图 4-21 所示。

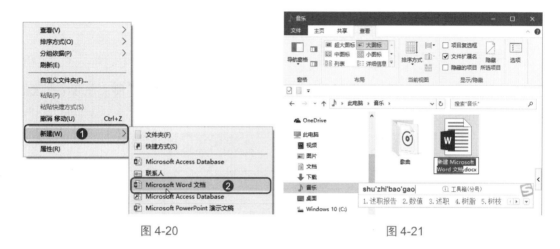

图 4-20　　　　　　　　　　　图 4-21

Step 03 输入新名称，然后按 <Enter> 键即可完成新建文件的操作，如图 4-22 所示。

图 4-22

2. 创建文件夹

在文件夹窗口空白处单击鼠标右键，在弹出的快捷菜单中选择【新建】→【文件夹】命令，窗口新创建一个文件夹，名称呈选中状态，输入新名称，然后按 <Enter> 键即可完成创建文件夹的操作，如图 4-23 和图 4-24 所示。

图 4-23　　　　　　　　　　　　图 4-24

◆ **锦囊妙计**

用户也可以通过软件来创建新文件，例如，启动 Microsoft Word 2016 程序，在该程序中创建一个新文件。

4.3.3　更改文件或文件夹的名称

新建文件或文件夹后，用户还可以给文件或文件夹重命名，下面以重命名文件为例，详细介绍给文件或文件夹重命名的操作方法。

Step 01 用鼠标右键单击准备重命名的图片文件，在弹出的快捷菜单中选择【重命名】命令，如图 4-25 所示。

Step 02 可以看到名称处于被选中状态，输入新名称，如图 4-26 所示。

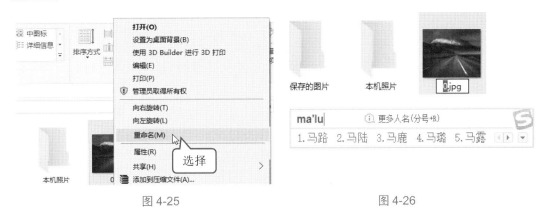

图 4-25　　　　　　　　　　　　图 4-26

Step 03 按 <Enter> 键即可完成重命名文件的操作，如图 4-27 所示。

图 4-27

4.3.4 复制和移动文件或文件夹

复制和移动文件或文件夹的方法非常简单，复制和移动文件或文件夹的方法相同。本节以复制和移动文件为例，详细介绍复制和移动文件或文件夹的操作方法。

Step 01 用鼠标右键单击准备复制的文件，在弹出的快捷菜单中选择【复制】命令，如图 4-28 所示。

Step 02 在空白处单击鼠标右键，在弹出的快捷菜单中选择【粘贴】命令，如图 4-29 所示。

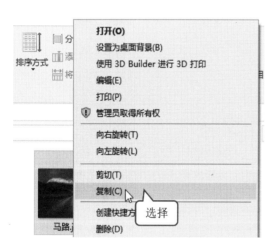
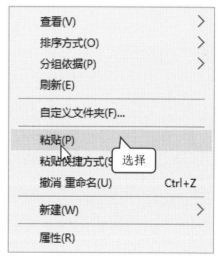

图 4-28　　　　　　　　　　图 4-29

Step 03 可以看到已经创建了一个文件副本，通过以上步骤即可完成复制文件的操作，如图 4-30 所示。

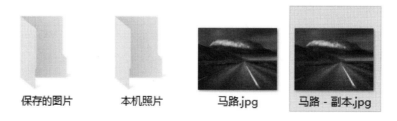

图 4-30

Step 04 用鼠标右键单击准备移动的文件，在弹出的快捷菜单中选择【剪切】命令，如图 4-31 所示。

Step 05 打开准备移动到的文件夹，用鼠标右键单击空白处，在弹出的快捷菜单中选择【粘贴】命令，如图 4-32 所示。

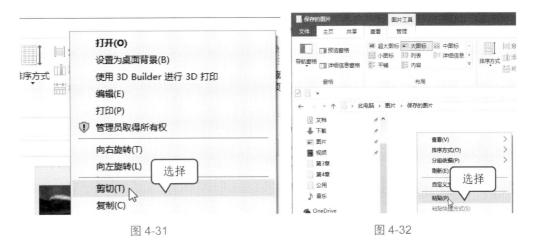

图 4-31　　　　　　　　　　图 4-32

Step 06 可以看到已经将文件移动到该文件夹中，通过以上步骤即可完成移动文件的操作，如图 4-33 所示。

图 4-33

4.3.5 删除文件或文件夹

　　删除文件或文件夹的方法非常简单，下面以删除文件为例详细介绍删除文件或文件夹的操作方法。

Step 01 用鼠标右键单击准备删除的文件，在弹出的快捷菜单中选择【删除】命令，如图 4-34 所示。

Step 02 文件从文件夹中消失，通过以上步骤即可完成删除文件的操作，如图 4-35 所示。

图 4-34

图 4-35

◆ 知识拓展

用户还可以选中准备删除的文件或文件夹，按下 <Delete> 键也可以删除文件或文件夹。【删除】命令只是将文件或文件夹移入【回收站】中，如果还需要该文件或文件夹，可以从【回收站】中还原。

4.4 搜索文件或文件夹

当用户忘记了文件或文件夹的位置，只是知道该文件或文件夹的名称时，可以通过搜索功能来搜索需要的文件或文件夹。搜索分为简单搜索和高级搜索，本节将详细介绍有关搜索功能的知识。

↑扫码看视频

4.4.1 简单搜索

简单搜索的方法非常简单，下面详细介绍使用简单搜索的操作方法。

Step 01 单击任务栏中的【有问题尽管问我】按钮 ，在搜索框中输入关键字如"马路"，如图 4-36 所示。

Step 02 系统自动开始搜索，在搜索到的文件中选择需要的文件即可完成简单搜索的操作，如图 4-37 所示。

第 4 章 轻松管理电脑中的文件

图 4-36

图 4-37

4.4.2 高级搜索

Cortana 是微软专门打造的人工智能机器人，单击【有问题尽管问我】按钮即可进入，Cortana 的功能包括本地搜索、自然语言搜索、生活提醒、快捷闹钟、位置提醒、线路导航、日程跟踪、航班查询、英汉翻译、一键追剧、度量转换、股票指数、音乐播放、语音响应等。

进入 Cortana 搜索菜单后，用户可以根据准备搜索内容的类型选择相应的选项，以达到缩小搜索范围的目的，在【筛选器】下拉列表中涵盖了全部、设置、视频、网页、文档、文件夹、音乐、应用、照片等选项，如图 4-38 所示。

图 4-38

◆ **知识拓展**

Cortana 可以说是微软在机器学习和人工智能领域方面的尝试，Cortana 会记录用户的行为和使用习惯，然后利用云计算、必应搜索和非结构化数据分析程序，读取和"学习"包括电脑中的电子邮件、图片、视频等数据，来理解用户的语义和语境，从而实现人机交互。

4.5 使用回收站

回收站是 Windows 10 用于存储系统中临时删除的文件的地方。回收站中的临时文件可以被还原，也可以被彻底删除。本节将介绍回收站的相关知识。

↑扫码看视频

4.5.1 还原回收站中的文件

回收站中的内容可以还原至原来的存储位置，还原回收站中的内容非常简单，下面详细介绍还原回收站中的内容的操作方法。

Step 01 在系统桌面上用鼠标右键单击【回收站】图标，在弹出的快捷菜单中选择【打开】命令，如图 4-39 所示。

Step 02 在打开【回收站】窗口中，用鼠标右键单击准备还原的文件，在弹出的快捷菜单中选择【还原】命令即可完成还原回收站中的文件的操作，如图 4-40 所示。

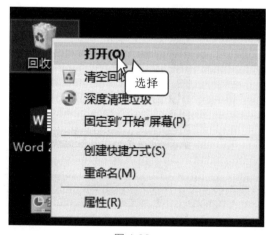

图 4-39

图 4-40

第 4 章 轻松管理电脑中的文件

◆ 锦囊妙计

用户还可以选中准备还原的文件，选择【管理】选项卡，在【还原】组中单击【还原选中的项目】按钮，这样也能使文件还原到原来的保存位置。

4.5.2 清空回收站

如果回收站中的内容不准备保留了，用户可以将回收站清空，达到节省内存空间的目的，下面介绍清空回收站中的操作方法。

Step 01 在系统桌面上用鼠标右键单击【回收站】图标，在弹出的快捷菜单中选择【清空回收站】命令，如图 4-41 所示。

Step 02 弹出【删除多个项目】对话框，提示"确实要永久删除这 16 项吗？"信息，单击【是】按钮即可完成清空回收站的操作，如图 4-42 所示。

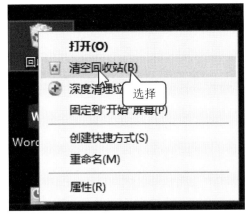

图 4-41　　　　　　　　　　图 4-42

4.6 实践操作与应用

通过本章的学习，读者基本可以掌握操作文件或文件夹、搜索文件或文件夹以及使用回收站的方法，下面通过练习操作，以达到巩固学习、拓展提高的目的。

4.6.1 隐藏 / 显示文件或文件夹

如果文件夹中保存了重要的内容，可以将其隐藏从而保证资料的安全，下面以隐藏文件为例介绍隐藏文件或文件夹的操作方法。

Step 01 打开准备隐藏的文件所在文件夹，**1.** 选中文件；**2.** 选择【查看】选项卡；**3.** 单击【显示 / 隐藏】下拉按钮；**4.** 在弹出的下拉列表中单击【隐藏所选项目】按钮，如图 4-43 所示。

Step 02 可以看到文件夹中的文件已经消失,这样即可完成隐藏文件的操作,如图 4-44 所示。

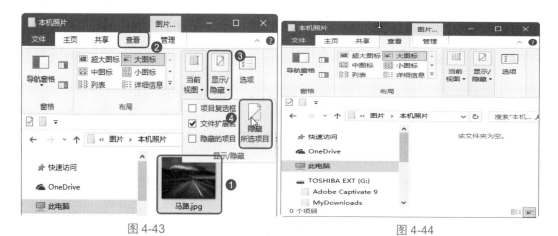

图 4-43　　　　　　　　　　　　　图 4-44

Step 03 打开准备隐藏的文件所在文件夹,**1.** 选择【查看】选项卡;**2.** 单击【显示 / 隐藏】下拉按钮;**3.** 在弹出的下拉列表中勾选【隐藏的项目】复选框,如图 4-45 所示。

Step 04 可以看到文件夹中已经显示被隐藏的文件,如图 4-46 所示。

图 4-45　　　　　　　　　　　　　图 4-46

◆ **锦囊妙计**

 用鼠标右键单击文件,在弹出的快捷菜单中选择【属性】命令,弹出【属性】对话框,在【常规】选项卡中也可以设置显示或隐藏功能。

4.6.2 加密文件 / 文件夹

在 Windows 10 操作系统中,用户还可以为文件或文件夹加密,从而防止他人修改或查看保密文件,下面以加密文件为例介绍加密文件或文件夹的操作方法。

Step 01 用鼠标右键单击准备加密的文件，在弹出的快捷菜单中选择【属性】命令，如图 4-47 所示。

图 4-47

Step 02 弹出【属性】对话框，在【常规】选项卡中的【属性】区域中单击【高级】按钮，如图 4-48 所示。

Step 03 弹出【高级属性】对话框，**1.** 勾选【加密内容以便保护数据】复选框；**2.** 单击【确定】按钮即可完成加密文件的操作，如图 4-49 所示。

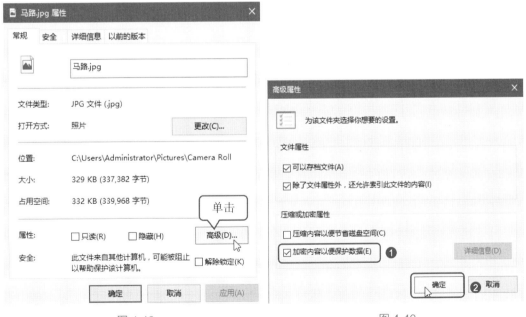

图 4-48　　　　　　　　　　　　　图 4-49

4.6.3 显示文件的扩展名

打开文件所在的文件夹,在【查看】选项卡中的【显示/隐藏】组中勾选【文件扩展名】复选框,即可显示文件的扩展名,如图 4-50 所示。

图 4-50

第5章

设置个性化的操作环境

本章要点

- Microsoft 账户的设置与应用
- 电脑的显示设置
- 个性化设置

本章主要内容

本章主要介绍了启动 Microsoft 账户的设置与应用、电脑的显示设置方面的知识与技巧,同时还讲解了如何个性化设置电脑,在本章的最后还针对实际的工作需求,讲解了取消显示开机锁屏界面、取消开机密码的方法。通过本章的学习,读者可以掌握 Microsoft 账户的设置与应用方面的知识,为深入学习 Windows 10 与 Office 2016 知识奠定基础。

5.1 Microsoft 账户的设置与应用

↑扫码看视频

管理 Windows 用户账户是使用 Windows 10 操作系统的第一步，Microsoft 账户是用于登录 Windows 的电子邮件地址和密码，注册并登录 Microsoft 账户，才可以使用 Windows 10 的许多功能，并可以同步设置。

5.1.1 认识 Microsoft 账户

在 Windows 10 操作系统中集成了很多 Microsoft 服务，但都需要使用 Microsoft 账户才能使用这些服务。

Microsoft 账户是免费的且易于设置的系统账户，用户可以使用自己所选的任何电子邮件地址完成该账户的注册于登记操作，例如可以使用 Outlook.com、Gmail 等地址作为 Microsoft 账户。

使用 Microsoft 账户可以登录并使用任何 Microsoft 应用程序和服务，如 Outlook、OneDrive、Skype、Hotmail、Office 365、Xbox 等，而且登录 Microsoft 账户后，还可以在多个设备上同步设置和操作内容。

用户使用 Microsoft 账户登录本地电脑后，部分 Modern 应用启动时默认使用 Microsoft 账户，如 Windows 应用商店，使用 Microsoft 账户才能够买并下载 Modern 应用程序。

◆ 锦囊妙计

创建新账户后 14 天内无须确认即可添加、删除或更改安全信息。账户使用日期超过 14 天后，就需要按照系统发送给用户的说明确认信息。添加安全信息时，系统会要求用户确认设置。用户可以按照发送到你的备用电子邮件地址的邮件中的说明确认设置。

5.1.2 注册和登录 Microsoft 账户

在首次使用 Windows 10 操作系统时，会以电脑的名称创建本地账户，如果需要改用注册和登录 Microsoft 账户，就需要注册并登录注册和登录 Microsoft 账户，下面介绍其操作方法。

Step 01 在系统桌面上，**1.** 单击【开始】按钮；**2.** 在弹出的【开始】屏幕中单击【Administrator】按钮；**3.** 在弹出的菜单中选择【更改账户设置】命令，如图 5-1 所示。

Step 02 在打开的【设置】窗口中，**1.** 选择【电子邮件和应用账户】选项卡；**2.** 单击【添加账户】按钮，如图 5-2 所示。

图 5-1

图 5-2

Step 03 在弹出的【添加账户】对话框中，选择【Outlook.com】命令，如图 5-3 所示。

Step 04 进入【添加你的 Microsoft 账户】界面，单击【创建一个】链接项，如图 5-4 所示。

图 5-3

图 5-4

Step 05 进入【让我们来创建你的账户】界面，*1.* 在第一个文本框中输入电子邮箱地址；*2.* 在第二个文本框中输入密码；*3.* 单击【下一步】按钮，如图 5-5 所示。

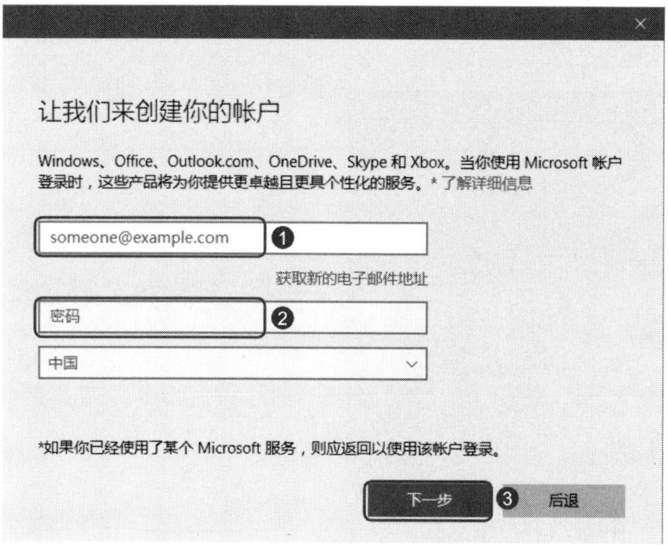

图 5-5

Step 06 进入【查看与你相关度最高的内容】界面，单击【下一步】按钮，如图 5-6 所示。

Step 07 进入【是否使用 Microsoft 账户登录此设备？】界面，如果有 Windows 密码则输入密码，没有则直接单击【下一步】按钮，如图 5-7 所示。

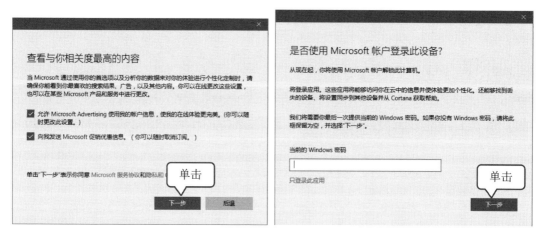

图 5-6   图 5-7

Step 08 进入【验证你的电子邮件】界面，*1.* 输入验证码；*2.* 单击【下一步】按钮，如图 5-8 所示。

Step 09 返回到【设置】窗口，可以看到在窗口右侧已经添加了刚刚注册的账户，通过以上步骤即可完成注册并登录 Microsoft 账户的操作，如图 5-9 所示。

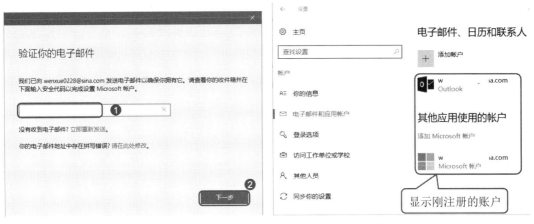

图 5-8　　　　　　　　　　　　　　　图 5-9

5.1.3 添加账户头像

登录 Microsoft 账户后，默认没有任何头像，用户可以将自己喜欢的图片设置为该账户的头像，下面详细介绍操作方法。

Step 01 在桌面上，*1.* 单击【开始】按钮；*2.* 在弹出的【开始】屏幕中单击【Administrator】按钮；*3.* 在弹出的菜单中选择【更改账户设置】命令，如图 5-10 所示。

Step 02 在【设置】窗口中，*1.* 选择【你的信息】选项卡；*2.* 选择【通过浏览方式查找一个】命令，如图 5-11 所示。

图 5-10　　　　　　　　　　　　　　　图 5-11

Step 03 弹出【打开】对话框，*1.* 在对话框左侧选择图片所在位置；*2.* 选中图片文件；*3.* 单击【选择图片】按钮，如图 5-12 所示。

Step 04 返回【设置】窗口，可以看到头像位置已经显示为刚刚设置的图片，如图 5-13 所示。

图 5-12　　　　　　　　　　　图 5-13

5.1.4 更改账户登录密码

定期更改密码可以确保账户的安全，更改账户密码的方法非常简单，下面详细介绍更改账户密码的方法。

Step 01 在桌面上，**1.** 单击【开始】按钮；**2.** 在弹出的【开始】屏幕中单击【Administrator】按钮；**3.** 在弹出的菜单中选择【更改账户设置】命令，如图 5-14 所示。

Step 02 在【设置】窗口中，**1.** 选择【登录选项】选项卡；**2.** 在【更改你的账户密码】下方单击【更改】按钮，如图 5-15 所示。

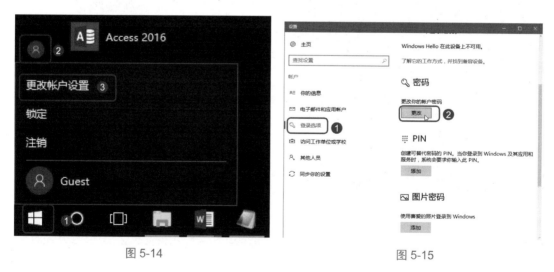

图 5-14　　　　　　　　　　　图 5-15

Step 03 进入【请重新输入密码】界面，**1.** 在文本框中输入密码；**2.** 单击【登录】按钮，如图 5-16 所示。

Step 04 进入【更改密码】界面，**1.** 在第一个文本框中输入旧密码；**2.** 在第二个文本框中输入新密码；**3.** 在第三个文本框中再次输入新密码；**4.** 单击【下一步】按钮，如图 5-17 所示。

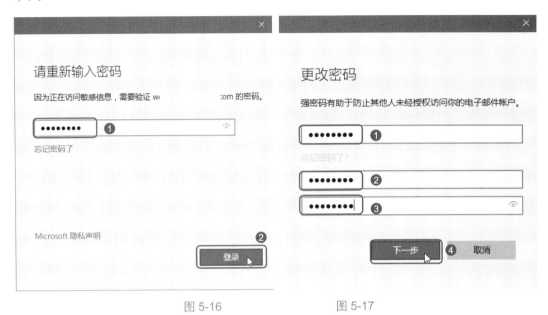

图 5-16　　　　　　　图 5-17

Step 05 进入【你已成功更改密码！】界面，单击【完成】按钮即可完成更改密码的操作，如图 5-18 所示。

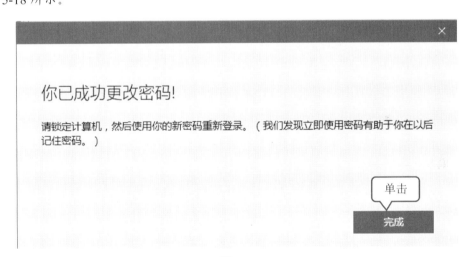

图 5-18

5.1.5　设置开机密码为 PIN 码

PIN 码是为了方便移动、手持设备进行身份验证的一种密码措施，在 Windows 8 操作系统中已被使用。设置 PIN 码之后，在登录系统时，只要输入设置的数字字符，不需要按 <Enter> 键或单击鼠标，即可快速登录系统，也可以访问 Microsoft 服务的应用。下面详细介绍设置开机密码为 PIN 码的操作方法。

Step 01 在桌面上，*1.* 单击【开始】按钮；*2.* 在弹出的【开始】屏幕中单击【Administrator】按钮；*3.* 在弹出的菜单中选择【更改账户设置】命令，如图 5-19 所示。

Step 02 在【设置】窗口中，*1.* 选择【登录选项】选项卡；*2.* 在【PIN】区域下方单击【添加】按钮，如图 5-20 所示。

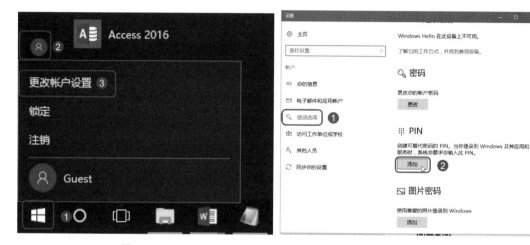

图 5-19　　　　　　　　　　　　　　　图 5-20

Step 03 弹出【Windows 安全性】对话框，*1.* 在第一个文本框中输入密码；*2.* 在第二个文本框中再次输入密码；*3.* 单击【确定】按钮即可完成设置 PIN 码的操作，如图 5-21 所示。

图 5-21

5.1.6 使用图片密码

图片密码是一种帮助用户保护触摸屏电脑的全新方法，要想使用图片密码，用户需要选择图片并在图片上画出各种手势，以此来创建独一无二的图片密码，下面详细介绍设置图片密码的操作方法。

Step 01 在桌面上，*1.* 单击【开始】按钮；*2.* 在弹出的【开始】屏幕中单击【Administrator】

按钮；**3.** 在弹出的菜单中选择【更改账户设置】命令，如图 5-22 所示。

Step 02 在【设置】窗口中，**1.** 选择【登录选项】选项卡；**2.** 在【图片密码】区域下方单击【添加】按钮，如图 5-23 所示。

图 5-22   图 5-23

Step 03 弹出【Windows 安全性】对话框，**1.** 在文本框中输入密码；**2.** 单击【确定】按钮，如图 5-24 所示。

Step 04 进入【图片密码】窗口，单击【选择图片】按钮，如图 5-25 所示。

图 5-24   图 5-25

Step 05 在弹出的【打开】对话框中，**1.** 在对话框左侧选择图片所在位置；**2.** 选中图片；**3.** 单击【打开】按钮，如图 5-26 所示。

Step 06 返回【图片密码】窗口，在其中可以看到刚刚添加的图片，单击【使用此图片】按钮，如图 5-27 所示。

图 5-26

图 5-27

Step 07 在图片上使用鼠标指针绘制手势,绘制完成后还需要确认一遍,如图 5-28 所示。

Step 08 手势确认完成后,单击【完成】按钮即可完成使用图片密码的操作,如图 5-29 所示。

图 5-28

图 5-29

◆ **知识拓展**

如果想要更改图片密码,用户可以在【设置】窗口中单击【图片密码】下方的【更改】按钮来进行更改。如果想要删除图片密码,则可以在【设置】窗口中单击【图片密码】下方的【删除】按钮来进行删除。

5.2 电脑的显示设置

↑扫码看视频

对于电脑的显示效果,用户可以进行个性化的操作,如设置电脑屏幕的分辨率、添加或删除通知区域显示的图标类型、启动或关闭系统图标以及设置显示的应用通知等,本节将详细介绍有关电脑显示设置方面的知识。

5.2.1 设置合适的屏幕分辨率

屏幕的分辨率是指单位面积显示像素的数量,刷新率是指每秒画面被刷新的次数,合理设置屏幕的分辨率和刷新率可以保证电脑画面的显示质量,也可有效地保护自己的视力。下面介绍设置屏幕分辨率和刷新率的方法。

Step 01 用鼠标右键单击桌面空白处,在弹出的快捷菜单中选择【显示设置】命令,如图5-30所示。

Step 02 在打开的【设置】窗口中,**1.**选择【显示】选项卡;**2.**单击【高级显示设置】链接项,如图5-31所示。

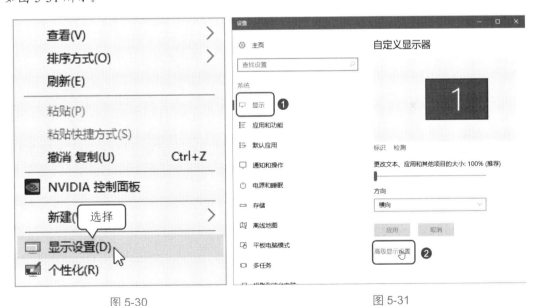

图5-30　　　　　　　　　　图5-31

Step 03 弹出【高级显示设置】窗口,**1.** 在【分辨率】下拉列表中选择一个选项,如"1024×768";**2.** 单击【应用】按钮即可完成设置合适的屏幕分辨率的操作,如图5-32所示。

图 5-32

◆ 锦囊妙计

更改屏幕分辨率会影响登录到此电脑上的所有用户,如果将显示器设置为它不支持的屏幕分辨率,那么该屏幕在几秒钟内将变为黑色,显示器将还原为原始分辨率。

5.2.2 设置通知区域显示的图标

通知区域的图标也可以根据用户的需要进行隐藏和显示,下面详细介绍隐藏通知区域图标的操作方法。

Step 01 用鼠标右键单击任务栏空白处,在弹出的快捷菜单中选择【设置】命令,如图5-33所示。

Step 02 在打开的【设置】窗口中,**1.**选择【任务栏】选项卡;**2.**在【通知区域】下方单击【选择哪些图标显示在任务栏上】链接项,如图5-34所示。

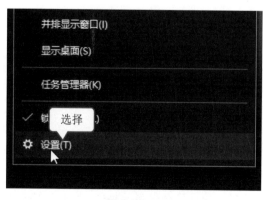

图 5-33

图 5-34

Step 03 弹出【选择哪些图标显示在任务栏上】窗口，单击要显示图标右侧的【开/关】按钮，即可将该图标显示/隐藏在通知区域中，如图 5-35 所示。

Step 04 返回到系统桌面中，可以看到通知区域中显示了刚刚设置为开的图标，如图 5-36 所示。

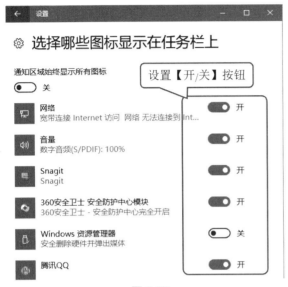

图 5-35　　　　　　　　　　　　　　　图 5-36

◆ **锦囊妙计**

如果想要删除通知区域的某个图标，用户可以将图标的显示状态设置为【关】即可。

5.2.3 启动或关闭系统图标

用户可以根据自己的需要启动或关闭任务栏中显示的系统图标，下面介绍具体方法。

Step 01 用鼠标右键单击任务栏空白处，在弹出的快捷菜单中选择【设置】命令，如图 5-37 所示。

图 5-37

Step 02 在打开的【设置】窗口中，**1.** 选择【任务栏】选项卡；**2.** 在【通知区域】下方单击【打开或关闭系统图标】链接项，如图 5-38 所示。

Step 03 弹出【打开或关闭系统图标】窗口，单击要显示图标右侧的【开/关】按钮，即可将该图标显示/隐藏在通知区域中，如图 5-39 所示。

图 5-38　　　　　　　　　　　图 5-39

Step 04 返回到系统桌面中，可以看到通知区域中显示了刚刚设置为【开】的图标，如图 5-40 所示。

图 5-40

5.2.4　设置显示的应用通知

Windows 10 操作系统的显示应用通知功能主要用于显示应用的通知信息，若关闭就不会显示任何应用的通知。

在【设置】窗口中的【通知和操作】选项卡下，可以找到【通知】设置区域，如图 5-41 所示。如果想要关闭显示应用通知的功能，只需单击【获取来自应用和其他发送者的通知】下方的【开/关】按钮，将其设置为【关】即可。

在默认状态下，显示应用通知的功能是处于【开】状态，单击系统桌面通知区域中的【操作中心】图标，可以打开【操作中心】界面，在其中可以查看相关的通知，如图 5-42 所示。

第 5 章　设置个性化的操作环境

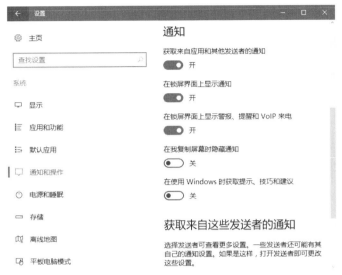

图 5-41

图 5-42

◆ **知识拓展**

若关闭【在锁屏界面上显示警报、提醒和 VoIP 来电】选项，在锁屏界面上就不会显示警报、提醒和 VoIP 来电。若关闭【在锁屏界面上显示通知】选项，在锁屏界面上就不会显示通知，该功能主要用于手机和平板电脑。

5.3 个性化设置

↑扫码看视频

　　桌面是打开电脑并登录 Windows 操作系统之后看到的主屏幕区域，用户可以对它进行个性化设置，让屏幕看起来更漂亮、更舒服。Windows 10 操作系统的个性化设置主要包括桌面、背景主题色、锁屏界面、电脑主题等内容。

5.3.1 设置桌面背景和颜色

　　桌面背景可以是个人收集的数字图片、提供的图片、纯色或带有颜色框架的图片，也可以是幻灯片图片。下面详细介绍设置桌面背景和颜色的操作方法。

Step 01 用鼠标右键单击桌面空白处，在弹出的快捷菜单中选择【个性化】命令，如图 5-43 所示。

Step 02 在打开的【设置】窗口中，**1.** 选择【背景】选项卡；**2.** 在【背景】下方单击下拉按钮，在弹出的下拉列表中可以对背景样式进行设置，包括【图片】【纯色】和【幻灯片放映】三个选项，单击【浏览】按钮也可以选择本地图片作为桌面背景图，如图 5-44 所示。

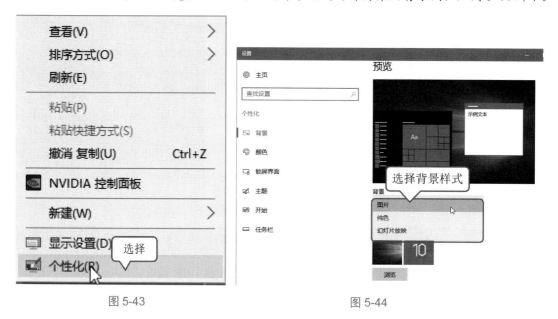

图 5-43   图 5-44

Step 03 选择【颜色】选项卡，可以从背景中自动选取一个主题色，也可以自己选取喜欢的主题色，如图 5-45 所示。

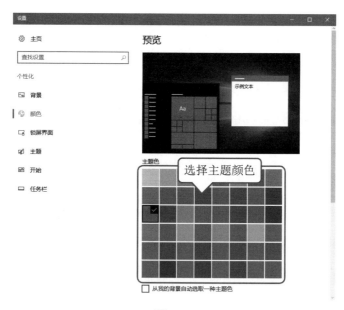

图 5-45

5.3.2 设置锁屏界面

Windows 10 操作系统的锁屏功能主要用于保护电脑的隐私安全，又可以保证在不关机的情况下省电，其锁屏所用的图片被称为锁屏界面。用户可以根据自己的喜好，设置锁屏界面的背景、显示状态的应用等，下面详细介绍设置锁屏界面的操作方法。

Step 01 用鼠标右键单击桌面空白处，在弹出的快捷菜单中选择【个性化】命令，如图 5-46 所示。

Step 02 在打开的【设置】窗口中，*1.* 选择【锁屏界面】选项卡；*2.* 在【背景】下方单击下拉按钮，在弹出的下拉列表中可以对背景样式进行设置，包括【Windows 聚焦】【图片】和【幻灯片放映】三个选项，单击【浏览】按钮也可以选择本地图片作为锁屏背景图，如图 5-47 所示。

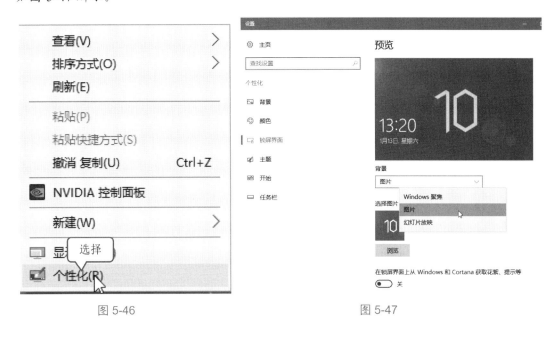

图 5-46　　　　　　　　　　　　　　图 5-47

◆ **锦囊妙计**

选择【Windows 聚焦】选项，可以在【预览】区域查看设置的锁屏图片样式，还可以选择要显示快速状态的应用。

5.3.3 设置屏幕保护程序

当在一段时间内没有使用鼠标和键盘时，屏幕保护程序就会出现在电脑的屏幕上，此程序为移动的图片或图案，屏幕保护程序最初应用于保护较旧的单色显示器免遭损坏，但现在它们主要是使电脑更加个性化或通过提供密码保护来增强电脑安全性的一种方式。下面详细介绍设置屏幕保护程序的操作方法。

Step 01 用鼠标右键单击桌面空白处,在弹出的快捷菜单中选择【个性化】命令,如图 5-48 所示。

Step 02 在打开的【设置】窗口中,**1.** 选择【锁屏界面】选项卡;**2.** 单击【屏幕超时设置】链接项,如图 5-49 所示。

图 5-48　　　　　　　　　　图 5-49

Step 03 在弹出的【设置】窗口中可以设置屏幕和睡眠的时间,如图 5-50 所示。

Step 04 选择【锁屏界面】选项卡,单击【屏幕保护程序设置】链接项,如图 5-51 所示。

图 5-50　　　　　　　　　　图 5-51

Step 05 弹出【屏幕保护程序设置】对话框,勾选【在恢复时显示登录屏幕】复选框,在【屏幕保护程序】区域中的下拉列表中选择【气泡】程序,在【等待】微调框中设置时间,单击【确定】按钮即可完成操作,如图 5-52 所示。

第 5 章　设置个性化的操作环境

图 5-52

5.3.4 设置主题

主题是桌面背景图片、窗口颜色和声音的组合，用户可以对主题进行设置，下面详细介绍设置主题的操作方法。

Step 01 用鼠标右键单击桌面空白处，在弹出的快捷菜单中选择【个性化】命令，如图 5-53 所示。

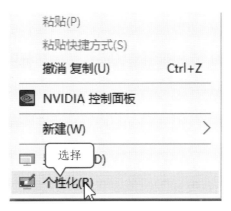

图 5-53

Step 02 在打开的【设置】窗口中，**1.** 选择【主题】选项卡；**2.** 单击【主题设置】链接项，如图 5-54 所示。

Step 03 在打开的【个性化】窗口主题的设置界面中，**1.** 选择【Windows 默认主题】的

99

【Windows 10】主题样式，可在下方显示该主题的桌面背景、颜色、声音和屏幕保护程序等信息；**2.**单击【保存主题】链接项，如图 5-55 所示。

图 5-54　　　　　　　　　　　　　　图 5-55

Step 04 弹出【将主题另存为】对话框，**1.**在【主题名称】文本框中输入名称；**2.**单击【保存】按钮即可将主题保存到电脑中，以方便后期使用，如图 5-56 所示。

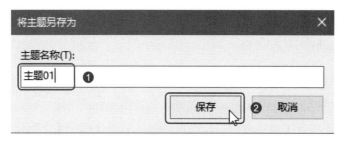

图 5-56

5.4 实践操作与应用

通过本章的学习，读者基本可以掌握 Microsoft 账户的设置与应用、电脑的显示设置和个性化设置的基本知识以及一些常见的操作方法，下面通过练习操作，以达到巩固学习、拓展提高的目的。

5.4.1 取消显示开机锁屏界面

取消显示开机锁屏界面的方法非常简单，下面详细介绍取消显示开机锁屏界面的操作方法。

Step 01 用鼠标右键单击桌面空白处，在弹出的快捷菜单中选择【个性化】命令，如图 5-57 所示。

Step 02 在打开的【设置】窗口中，*1.* 选择【锁屏界面】选项卡；*2.* 将【在登录屏幕上显示锁屏界面背景图片】下方的开关设置为【关】，即可完成取消锁屏界面的操作，如图 5-58 所示。

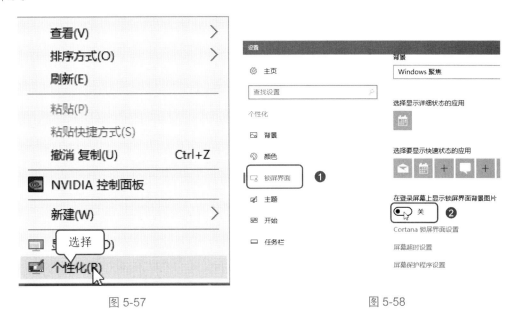

图 5-57　　　　　　　　　　　　　　图 5-58

5.4.2 取消开机密码

如果用户希望跳过输入密码步骤直接登录，可以将电脑设置为自动登录状态，下面详细介绍设置取消开机密码的方法。

Step 01 在电脑桌面中，按下 <Windows>+<R> 组合键，打开【运行】对话框，在文本框中输入"netplwiz"，按下 <Enter> 键，如图 5-59 所示。

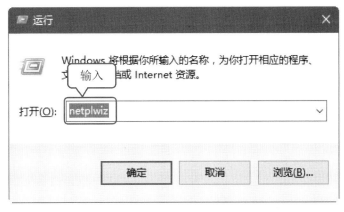

图 5-59

Step 02 打开【用户账户】对话框，*1.* 选中本机用户；*2.* 取消勾选【要使用本计算机，用户必须输入用户名和密码】复选框；*3.* 单击【应用】按钮，如图 5-60 所示。

101

Step 03 弹出【自动登录】对话框，**1.**在【密码】和【确认密码】文本框中输入当前账户的密码；**2.**单击【确定】按钮即可取消开机密码，如图 5-61 所示。

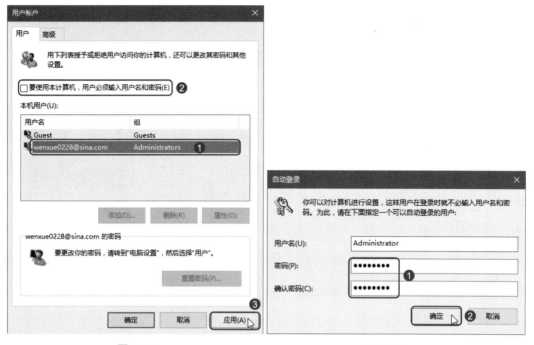

图 5-60　　　　　　　　　　　　　　图 5-61

◆ 知识拓展

取消开机密码后，再次重新登录电脑时，用户就无须输入用户名和密码即可直接登录系统；如果电脑处在锁屏状态下，则还是需要输入账户密码，只有在启动系统登录时，可以免输入账户密码。

第6章

管理电脑中的软件

本章要点

- 认识常用的软件
- 获取软件的方法
- 软件的安装与升级
- 软件的卸载
- 查找安装的软件

本章主要内容

本章主要介绍了常用的软件、获取软件的方法和软件的安装与升级、软件的卸载方面的知识与技巧，同时还讲解了如何查找安装的软件，在本章的最后还针对实际的工作需求，讲解了安装更多字体、设置默认打开程序及使用电脑为手机安装软件的方法。通过本章的学习，读者可以掌握管理电脑中的软件的知识，为深入学习 Windows 10 与 Office 2016 知识奠定基础。

6.1 认识常用的软件

软件是多种多样的，覆盖了各个领域，分类也极为丰富，如文件、视频、音乐、聊天互动、游戏娱乐、系统工具、安全防护、办公软件、教育学习图形图像、编程开发、手机数码等，本节将详细介绍几种常用软件。

↑扫码看视频

6.1.1 浏览器

在办公中，有时需要查找一些资料或下载资料，使用网络应用软件可快速完成这些工作，浏览器就是一款常用的网络应用软件。

浏览器是指可以显示网页服务器或文件系统的 HTML 文件（标准通用标记语言的一个应用），并让用户与这些文件交互的一种软件，它用来显示在万维网或局域网内的文字、图像及其他信息。这些文字或图像可以是连接其他网址的超链接，用户可迅速、容易地浏览各种信息。

国内常见的网页浏览器有 QQ 浏览器、Internet Explorer、Firefox、Safari、Opera、百度浏览器、搜狗浏览器、猎豹浏览器、360 浏览器、UC 浏览器、傲游浏览器、世界之窗浏览器等，浏览器是最经常使用到的客户端程序，如图 6-1 所示为 360 浏览器窗口。

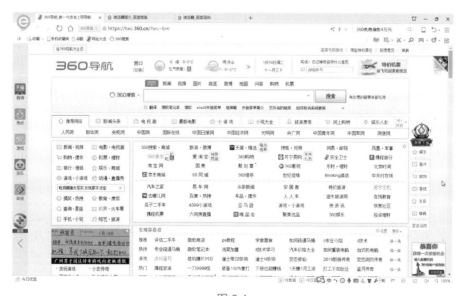

图 6-1

◆ 锦囊妙计

一个网页中可以包含多个文档，每个文档都是分别从服务器中获取的。大部分的浏览器本身支持除了 HTML 之外的广泛的格式，例如 JPEG、PNG、GIF 等图像格式，并且能够扩展支持众多的插件。HTTP 内容类型和 URL 协议规范允许网页设计者在网页中嵌入图像、动画、视频、声音、流媒体等。

6.1.2 聊天社交

随着网络技术的发展，目前网络通信社交工具有很多，常用的沟通交流软件有微信、新浪微博、QQ 等。

1. 微信

微信 (WeChat) 是腾讯公司于 2011 年 1 月 21 日推出的一个为智能终端提供即时通信服务的免费应用程序。微信支持跨通信运营商、跨操作系统平台通过网络快速发送免费（需消耗少量网络流量）语音短信、视频、图片和文字，同时也可以使用通过共享流媒体内容的资料和基于位置的社交插件"摇一摇""朋友圈""公众平台""语音记事本"等服务插件。

2. QQ

QQ 是腾讯 QQ 的简称，是腾讯公司开发的一款基于 Internet 的即时通信（IM）软件。目前 QQ 已经覆盖 Microsoft Windows、Android、iOS、Windows Phone 等多种主流平台，其标志是一只戴着红色围巾的小企鹅。

腾讯 QQ 支持在线聊天、视频通话、点对点断点续传文件、共享文件、网络硬盘、自定义面板、QQ 邮箱等多种功能，并可与多种通信终端相连。

3. 新浪微博

新浪微博是一个由新浪网推出、提供微型博客服务类的社交网站。用户可以通过网页、WAP 页面、手机客户端、手机短信、彩信发布消息或上传图片。用户可以把微博理解为"微型博客"或者"一句话博客"。用户可以将看到的、听到的、想到的事情写成一句话，或发一张图片，通过电脑或者手机随时随地分享给朋友，一起分享、讨论；还可以关注朋友，即时看到朋友们发布的信息。

◆ 锦囊妙计

新浪微博是一款为大众提供娱乐休闲生活服务的信息分享和交流平台。新浪微博于 2009 年 8 月 14 日开始内测，9 月 25 日新浪微博正式添加了"@"功能以及"私信"功能，此外还提供"评论"和"转发"功能，供用户交流。

6.1.3 影音娱乐

网络将人们带进了一个更为广阔的影音娱乐世界，丰富的网上资源给网络增加了无穷的魅力，无论是谁，都可以在网络中找到自己喜欢的音乐、电影和网络游戏，并能充分体验高清的音频与视频带来的听觉、视觉上的享受。

1. 听音乐

在网络中，音乐也一直是热点之一，只要电脑中安装有合适的播放器，就可以播放音乐文件，如图 6-2 所示即为使用 QQ 音乐播放器播放音乐。

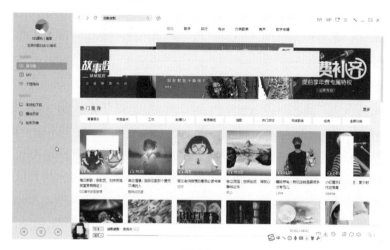

图 6-2

2. 看视频

自从有了网络，人们可以在线看电影、电视剧、电视节目等，而且不受时间与地点的限制，如图 6-3 所示即为爱奇艺视频网站首页。

图 6-3

◆ 锦囊妙计

用户不仅可以在线听音乐、看视频，还可以将自己喜欢的音乐和视频下载到自己的电脑中，方便以后欣赏和查找。

6.1.4 办公应用

电脑办公离不开文件的处理，常见的文件处理软件有 Microsoft Office、WPS、Adobe Acrobat 等。如图 6-4 所示为 Microsoft Office 软件。

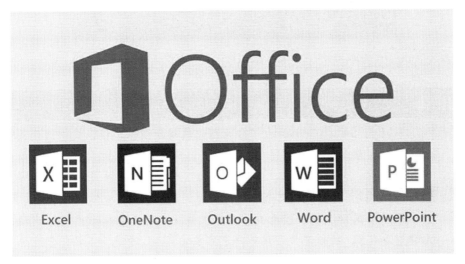

图 6-4

◆ 锦囊妙计

WPS Office 是由金山软件股份有限公司自主研发的一款办公软件套装，可以实现办公软件最常用的文字、表格、演示等多种功能，具有内存占用低、运行速度快、体积小巧、强大插件平台支持、免费提供海量在线存储空间及文档模板等特点。

6.1.5 图像处理

在办公中，有时需要处理图片文件，这时就需要使用图像处理工具，常用的图像处理工具包括 Adobe Photoshop、ACDSee、美图秀秀、Snagit 等。

Adobe Photoshop，简称"PS"，是由 Adobe Systems 开发和发行的图像处理软件。PS 主要处理以像素构成的数字图像，使用其众多的编修与绘图工具，可以有效地进行图片编辑工作。PS 有很多功能，在图像、图形、文字、视频、出版等各方面都有涉及。如图 6-5 所示为 Photoshop 程序。

图 6-5

◆ 知识拓展

从功能上看，Photoshop 可分为图像编辑、图像合成、校色调色及特效制作等部分。图像编辑是图像处理的基础，可以对图像做各种变换，如放大、缩小、旋转、倾斜、镜像、透视等；也可进行复制、去除斑点、修补、修饰图像的残损等。图像合成则是将几幅图像通过图层操作、工具应用合成完整的、传达明确意义的图像。校色调色可方便快捷地对图像的颜色进行明暗、色偏的调整和校正。特效制作在该软件中主要由滤镜、通道及工具综合应用完成。

6.2 获取软件的方法

安装软件的前提是要有软件安装程序，一般是 .exe 程序文件，软件安装程序基本上都是以 setup.exe 命名的，安装文件的获取方法也是多样的，本节将详细介绍获取软件的操作方法。

↑ 扫码看视频

6.2.1 应用商店下载

Windows 10 操作系统中添加了【Microsoft Store】功能，用户可以在 Microsoft Store 中获取安装软件包，下面详细介绍从 Microsoft Store 下载软件的方法。

Step 01 在桌面上，**1.** 单击【开始】按钮；**2.** 在弹出的【开始】屏幕中单击【Microsoft Store】动态磁贴，如图 6-6 所示。

Step 02 打开【Microsoft Store】窗口，在搜索框中输入准备下载的软件名称，在下拉列表框中单击该软件，如图 6-7 所示。

图 6-6

图 6-7

Step 03 进入软件下载详细界面，单击【获取】按钮，如图 6-8 所示。

Step 04 可以看到软件开始下载，用户需要等待一段时间，如图 6-9 所示。

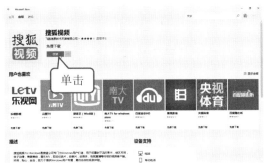
图 6-8

图 6-9

Step 05 软件下载并安装完毕，单击【启动】按钮即可打开该软件，如图 6-10 所示。

图 6-10

6.2.2 官方网站下载

官方网站也称官网，是公开团体主办者体现其意志想法，团体信息公开，并带有专用、权威、公开性质的一种网站，从官网上下载安装软件包是最常用的方法。下面详细介绍从官方网站下载软件的方法。

Step 01 打开浏览器，打开软件的官方网站网页，单击【立即下载】按钮，如图 6-11 所示。

Step 02 弹出【新建下载任务】对话框，单击【下载】按钮，如图 6-12 所示。

图 6-11　　　　　　　　　　　图 6-12

Step 03 弹出【下载】窗口，可以看到软件的下载进度，用户需要等待一段时间，如图 6-13 所示。

Step 04 打开【下载】窗口，可以看到软件已经下载完成，单击【文件夹】按钮，如图 6-14 所示。

图 6-13　　　　　　　　　　　图 6-14

Step 05 打开软件下载到的文件夹，在其中可以查看软件的安装包，如图 6-15 所示。

第 6 章　管理电脑中的软件

图 6-15

◆ 锦囊妙计

在文件夹中用鼠标右键单击下载的软件，在弹出的快捷菜单中选择【打开】命令，即可开始安装软件。

6.2.3 通过电脑管理软件下载

使用电脑管理软件或自带的软件管理工具也可以下载软件的安装程序，如图 6-16 所示即为使用 360 软件管家下载软件。

图 6-16

111

◆ 知识拓展

通过电脑管理软件不仅可以下载并安装软件，还可以卸载已经安装的软件，同时可以在其中设置是否允许该软件成为开机启动项，当软件有了新版本，用户也可以直接在电脑管理软件中升级该软件。

6.3 软件的安装与升级

一般情况下，软件的安装过程基本相同，大致分为运行主程序、接受许可协议、选择安装路径和进行安装等几个步骤。软件不是一成不变的，而是一直处于升级和更新状态的，本节将介绍软件的安装和更新知识。

↑扫码看视频

6.3.1 软件的安装方法

下载好软件后，就可以将该软件安装到电脑中了，这里以安装腾讯 QQ 为例介绍安装软件的一般步骤。

Step 01 打开软件所在的文件夹，用鼠标右键单击软件，在弹出的快捷菜单中选择【打开】命令，如图 6-17 所示。

Step 02 弹出【QQ 安装】界面，单击【立即安装】按钮，如图 6-18 所示。

图 6-17

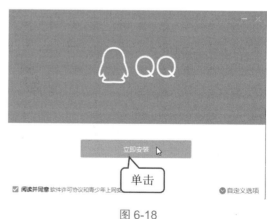
图 6-18

Step 03 进入安装界面,可以看到软件的安装进度,用户需要等待一段时间,如图 6-19 所示。

Step 04 安装完成后在打开的窗口中,**1.** 根据需要勾选复选框;**2.** 单击【完成安装】按钮,如图 6-20 所示。

图 6-19　　　　　　　　　　　图 6-20

Step 05 打开软件的登录界面,通过以上步骤即可完成安装软件的操作,如图 6-21 所示。

图 6-21

6.3.2 自动检测升级

软件的更新是指软件版本的更新,这里以 360 安全卫士为例介绍自动检测升级更新的操作方法。

Step 01 在系统桌面上用右键单击右下角的 "360 安全卫士" 图标,**1.** 在弹出的界面中选择【升级】命令;**2.** 在弹出的子菜单中选择【程序升级】命令,如图 6-22 所示。

Step 02 弹出【360 安全卫士 - 升级】对话框,单击【确定】按钮,如图 6-23 所示。

图 6-22　　　　　　　　　图 6-23

Step 03 弹出【360 安全卫士 - 升级】对话框，可以看到软件的下载进度，用户需要等待一段时间，如图 6-24 所示。

Step 04 下载完成后软件自动进行安装，可以查看安装进度，等待安装进度为 100% 后即可完成 360 安全卫士的软件升级更新操作，如图 6-25 所示。

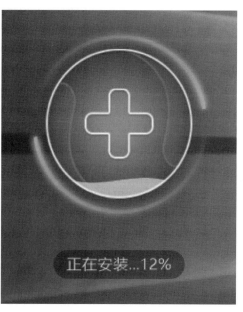

图 6-24　　　　　　　　　图 6-25

6.3.3 使用第三方软件升级

用户可以通过第三方软件升级软件，例如 360 软件管家和 QQ 电脑管家等。下面以 360 软件管家为例简单介绍如何利用第三方软件升级软件。

打开 360 软件管家界面，选择【软件升级】选项卡，在界面中即可显示可以升级的软件，单击【一键升级】按钮即可完成升级操作，如图 6-26 所示。

图 6-26

◆ 知识拓展

软件升级是指软件从低版本向高版本的更新。由于高版本常常修复低版本的部分 BUG，所以经历了软件升级的软件，一般都会比原版本的性能更好，用户也能有更好的体验。

6.4 软件的卸载

当安装的软件不再需要时，用户可以将其卸载以便腾出更多的空间来安装需要的软件，在 Windows 10 操作系统中，用户可以通过【所有应用】列表、【程序和功能】窗口以及【开始】屏幕等方法卸载软件。

↑ 扫码看视频

6.4.1 在【所有应用】列表中卸载软件

当软件安装完成后，回执自动添加在【所有应用】列表中，如果需要卸载软件，可以在【所有应用】列表中查找是否有自带的卸载程序，下面以卸载搜狐视频为例介绍使用【所有应用】列表卸载程序的方法。

Step 01 在桌面上，**1.** 单击【开始】按钮；**2.** 在弹出的【开始】屏幕中的【所有应用】列表中用鼠标右键单击搜狐视频程序；**3.** 在弹出的快捷菜单中选择【卸载】命令，如图 6-27 所示。

Step 02 弹出【将卸载此应用及其相关信息。】对话框，单击【卸载】按钮即可完成使用【所有应用】列表卸载程序的操作，如图 6-28 所示。

图 6-27

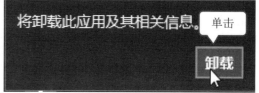

图 6-28

6.4.2 在【程序和功能】中卸载软件

除了使用【所有应用】列表卸载程序之外，用户还可以在【程序和功能】中卸载软件，下面以卸载酷我音乐为例介绍在【程序和功能】中卸载软件的操作方法。

Step 01 在桌面上，**1.** 用鼠标右键单击【开始】按钮 **2.** 在弹出的快捷菜单中选择【控制面板】命令，如图 6-29 所示。

Step 02 在弹出的【控制面板】窗口中，**1.** 在【查看方式】列表中选择【类别】命令；**2.** 单击【程序】区域下方的【卸载程序】链接项，如图 6-30 所示。

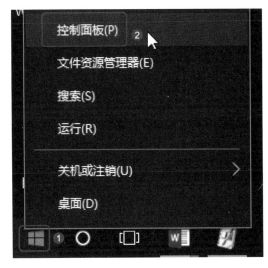

图 6-29　　　　　　　　　　　　　图 6-30

Step 03 弹出【程序和功能】窗口，用鼠标右键单击【酷我音乐】程序，在弹出的快捷菜单中选择【卸载/更改】命令，如图 6-31 所示。

Step 04 弹出【酷我音乐卸载】窗口，单击【我要卸载】链接项，如图 6-32 所示。

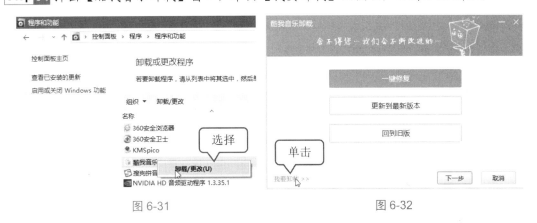

图 6-31　　　　　　　　　　　　　图 6-32

Step 05 进入【下列哪个问题最困扰您？】界面，*1.* 选择【不想用了】选项；*2.* 单击【彻底卸载】按钮，如图 6-33 所示。

图 6-33

Step 06 进入【将从您的计算机卸载酷我音乐，单击[卸载]开始。】界面，单击【卸载】按钮，如图 6-34 所示。

Step 07 开始卸载程序，界面显示卸载进度，用户需要等待一段时间，如图 6-35 所示。

图 6-34 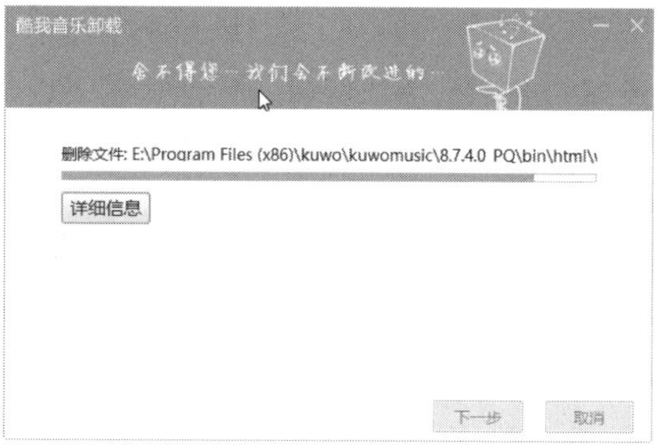　　　　　　　　　　图 6-35

Step 08 完成卸载，单击【完成】按钮即可完成在【程序和功能】中卸载软件的操作，如图 6-36 所示。

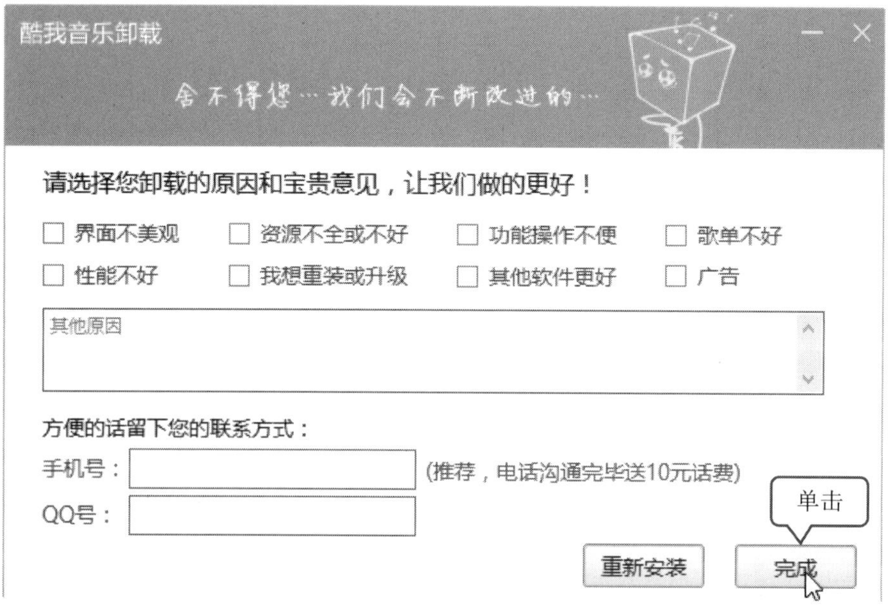

图 6-36

6.4.3 在【开始】屏幕中卸载应用

用户还可以在【开始】屏幕中卸载应用，下面以卸载福昕阅读器为例介绍在【开始】菜单中卸载应用的操作方法。

Step 01 在桌面上，***1.*** 单击【开始】按钮；***2.*** 在弹出的【开始】屏幕中用鼠标右键单击【福昕阅读器】磁贴，在弹出的快捷菜单中选择【卸载】命令，如图 6-37 所示。

Step 02 弹出【程序和功能】窗口，用鼠标右键单击【福昕阅读器】程序，在弹出的快捷菜单中选择【卸载/更改】命令，如图 6-38 所示。

图 6-37　　　　　　　　　　　　　　图 6-38

Step 03 弹出【福昕阅读器】界面，单击【狠心抛弃】按钮，如图 6-39 所示。

Step 04 进入下一界面，*1.* 选择【我要直接卸载福昕阅读器】单选按钮；*2.* 单击【卸载】按钮，如图 6-40 所示。

图 6-39　　　　　　　　　　　　　　图 6-40

Step 05 开始卸载程序，界面显示卸载进度，用户需要等待一段时间，如图 6-41 所示。

图 6-41

Step 06 卸载完成后自动跳转到程序官网,通过以上步骤即可完成在【开始】屏幕中卸载应用的操作,如图 6-42 所示。

图 6-42

◆ 知识拓展

由于当今系统应用软件种类繁多,安装模式趋向于复杂化,释放安装文件的形式越来越多样化,而且还恶意捆绑其他软件的安装,面对以上环境仅仅依赖软件自带的卸载程序是远远不够的,如果每次都依赖这些本身就有缺陷的自带卸载程序来卸载软件,就会遗留非常多的残留信息,从而影响系统的稳定性和效率性。

6.5 查找安装的软件

软件安装完毕后,用户可以在电脑中查找安装的软件,包括通过所有程序列表查找软件、按照程序首字母查找软件和按照数字查找软件等。

↑扫码看视频

6.5.1 查看所有程序列表

在 Windows 10 操作系统中,用户可以很简单地查看所有程序列表,单击【开始】按钮,在打开的【开始】屏幕中即可查看所有程序列表,如图 6-43 所示。

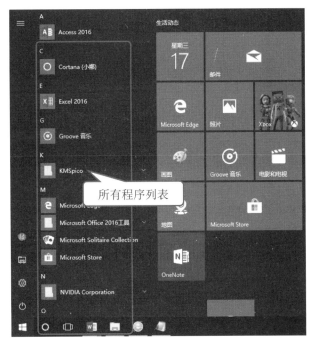

图 6-43

6.5.2 按照程序首字母查找软件

如果知道程序的首字母，用户还可以利用首字母来查找软件，下面详细介绍按照程序首字母查找软件的方法。

Step 01 在桌面上，*1.* 单击【开始】按钮；*2.* 在弹出的【开始】屏幕中单击任意字母，如图 6-44 所示。

Step 02 进入按首字母搜索程序界面，单击程序首字母如"W"，如图 6-45 所示。

图 6-44

图 6-45

Step 03 返回到程序列表中,可以看到首先显示的就是以"W"开头的程序列表,通过以上步骤即可完成按照程序首字母查找软件的操作,如图 6-46 所示。

图 6-46

◆ 知识拓展

在查找软件时,除了使用程序首字母外,还可以使用数字查找软件,在程序搜索界面中单击【0】~【9】按钮,返回到程序列表中,可以看到首先显示的就是以数字开头的程序列表。

6.6 实践操作与应用

通过本章的学习,读者基本可以掌握下载和安装软件、卸载软件和查找软件的基本知识以及一些常见的操作方法,下面通过练习操作,以达到巩固学习、拓展提高的目的。

6.6.1 安装更多字体

如果想在电脑里输入一些特殊的字体,如草书、毛体、广告字体、艺术字体等,都需要用户自行安装,下面详细介绍安装更多字体的操作方法。

Step 01 用鼠标右键单击准备安装的字体,在弹出的快捷菜单中选择【安装】命令,如图 6-47 所示。

Step 02 弹出【正在安装字体】对话框,显示安装进度,用户需要等待一段时间,如图 6-48 所示。

第 6 章 管理电脑中的软件

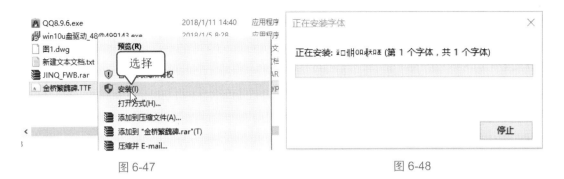

图 6-47　　　　　　　　　图 6-48

Step 03 安装完毕后启动 Word，在【开始】选项卡中的【字体】组中单击【字体】下拉按钮，在弹出的字体列表中即可查看到刚刚安装的字体，如图 6-49 所示。

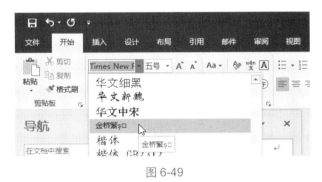

图 6-49

6.6.2　设置默认打开程序

用户可以将一些常用软件设置为默认打开程序，下面详细介绍设置默认打开程序的操作方法。

Step 01 用鼠标右键单击【开始】按钮，在弹出的快捷菜单中选择【控制面板】命令，如图 6-50 所示。

图 6-50

Step 02 在弹出的【所有控制面板项】窗口中，*1.* 在【查看方式】列表中选择【大图标】命令；*2.* 单击【默认程序】链接项，如图 6-51 所示。

Step 03 打开【默认程序】窗口，单击【设置默认程序】链接项，如图 6-52 所示。

图 6-51　　　　　　　　　　　　　图 6-52

Step 04 进入【设置默认程序】窗口，*1.* 在左侧列表框中选中需要设置为默认程序的应用；*2.* 选择【将此程序设置为默认值】选项；*3.* 单击【确定】按钮即可完成操作，如图 6-53 所示。

图 6-53

◆ 锦囊妙计

用户除了使用【控制面板】设置默认程序之外，还可以使用360电脑管家来设置默认程序，在【360电脑管家】界面中单击右下角的【更多】按钮，打开【全部工具】窗口，在【系统工具】设置区域单击【默认软件】按钮即可进行设置。

6.6.3 使用电脑为手机安装软件

使用电脑为手机安装软件，需要借助第三方软件，下面以360手机助手为例，介绍使用电脑为手机安装软件的操作方法。

Step 01 使用数据线将电脑与手机相连，进入360手机助手的工作界面，弹出【360手机助手－连接我的手机】对话框，单击【已在手机上确认】按钮，如图6-54所示。

Step 02 进入【正在连接手机】界面，用户需要等待一段时间，如图6-55所示。

图 6-54

图 6-55

Step 03 电脑与手机连接之后，单击【找软件】选项卡，如图6-56所示。

Step 04 进入软件首页页面，在准备安装的程序下方单击【安装】按钮，也可以在搜索框中搜索软件，如图6-57所示。

图 6-56

图 6-57

Step 05 提示软件正在下载，用户需要等待一段时间，如图6-58所示。
Step 06 软件完成安装后会显示【已安装】状态，通过以上步骤即可完成使用电脑为手机安装软件的操作，如图6-59所示。

图6-58　　　　　　　　　　　　　图6-59

◆ 知识拓展

用户也可以使用电脑为手机卸载软件，在【360手机助手】工作界面中选择【我的手机】选项卡，进入【我的手机】页面，选择【已装应用】选项卡，显示手机上已经安装的所有应用，单击准备卸载的应用右侧的【卸载】按钮即可对手机上的软件进行卸载。

第7章

轻松学会电脑打字

本章要点

- 汉字输入基础知识
- 管理输入法
- 使用拼音输入法
- 使用五笔字型输入法

本章主要内容

　　本章主要介绍了汉字输入基础知识、管理输入法和使用拼音输入法方面的知识与技巧，同时还讲解了使用五笔字型输入法的方法，在本章的最后还针对实际的工作需求，讲解了陌生字的输入方法、简繁切换和快速输入特殊符号的方法。通过本章的学习，读者可以掌握使用电脑打字方面的知识，为深入学习Windows 10 和 Office 2016 知识奠定基础。

7.1 汉字输入基础知识

汉字输入法是为了将汉字输入到电脑等电子设备而采用的一种编码方法，是输入信息的一种重要技术。使用电脑打字，首先需要学习电脑打字的相关基础知识，如认识语言栏、常见的输入法、什么是半角、什么是全角等。

↑ 扫码看视频

7.1.1 汉字输入法的分类

根据键盘输入的类型将汉字输入法分成音码、形码和音形码三种。

1. 音码

在使用音码类型输入法时，读者只要会拼写汉语拼音就可以进行汉字方面的录入工作。它比较符合人的思维模式，非常适用于电脑初学者进行学习和操作。

目前常见的音码类型输入法种类有很多，下面简单介绍几种常见的音码类型输入法，用户可以根据需要选择使用。

- 微软拼音输入法：一种智能型的拼音输入法，使用者可以连续输入整句话的拼音，不必人工分词和挑选候选词组，大大提高了输入文字的效率。
- 搜狗拼音输入法：主流的一种拼音输入法，支持自动更新网络新词和拥有整合符号等功能，对提高用户输入文字的准确性和输入速度有明显帮助。
- 紫光拼音输入法：一种功能十分强大的输入法，具有智能组词、精选大容量词库和个性界面等特色，得到了广泛的推广和应用。

音码类型输入法也有自身的缺点，如在使用音码类型输入法输入汉字时，对使用者拼写汉语拼音的能力有较高的要求。在选择候选汉字时，会出现同音字重码率高，输入效率低的现象。在遇到不认识的字或生僻字时，会出现难以快速输入等缺点。

但随着科学技术的发展与进步，新的拼音输入法在智能组词、兼容性等方面都得到了很大提升。

2. 形码

形码类型输入法是一种先将汉字的笔画和部首进行字根分解，然后再用这些分解出的基本编码组合成汉字的输入方法。其优点是不受汉语拼音的影响，所以只要熟练掌握形码类型输入法的输入技巧，使用它输入汉字的效率就会远胜于使用音码类型输入法输入汉字的效率。

掌握形码类型输入法对用户可以轻松输入汉字有着至关重要的作用，下面简单介绍一下形码类型输入法的几种常用类型。

> 五笔字型输入法：这种输入法的主要优点包括输入键码短、输入时间快等。一个字或一个词组最多也只有四个码，这样节省了输入的时间，提高了打字的速度。
> 表形码输入法：这种输入法是按照汉字的书写顺序用部件来进行编码的。表形码输入法的代码与汉字的字型或字音有关联，所以形象、直观，比其他的形码类型输入法要容易掌握。

用户在输入汉字时可以使用自己惯用的五笔字型输入法，下面简单介绍几种常用的五笔字型输入法。

> 王码五笔字型输入法：共有86版和98版两个版本。98版王码五笔字型输入法和86版王码五笔字型输入法相比较，码元分布更加合理，更便于记忆。
> 智能五笔字型输入法：我国第1套支持全部国际扩展汉字库（GBK）汉字编码的五笔字型输入法，支持繁体汉字的输入、智能选词和语句提示等功能，具有丰富的词库。

3. 音形码

音形码类型输入法的特点是输入方法不局限于音码或形码一种形式，而是将多个汉字输入系统的优点有机结合起来，使一种输入法可以包含多种输入法。

使用音形码类型输入法输入汉字，用户可以提高打字的速度和准确度，下面简单介绍一下音形码类型输入法的几种常用类型。

> 自然码输入法：具有高效的双拼输入、特有的识别码技术、兼容其他输入法等特点，并且支持全拼、简拼和双拼等输入方式。
> 郑码输入法：以单字输入为基础，词语输入为主导，用2～4个英文字母便能输入两字词组、多字词组和30个字以内的短语的一种输入方式。

◆ **锦囊妙计**

随着网络技术的进步，音形码类型输入法种类不断增多，用户可以选择自己常用的音形码类型输入法来使用。常用的音形码类型输入法包括万能五笔字型输入法、大众形音输入法等。

7.1.2 切换输入法

如果安装了多个输入法，用户可以在输入法之间进行切换，切换输入法的意思是从一种输入法切换至另一种输入法。切换输入法的方法很简单，下面详细介绍切换输入法的操作方法。

Step 01 在桌面上的状态栏中单击输入法图标（此时默认的输入法为搜狗拼音输入法），弹出输入法列表，选择并单击要切换的输入法，如【中文（简体，中国）微软拼音】，如图7-1所示。

Step 02 可以看到目前默认的输入法已经更改为微软拼音输入法,通过以上步骤即可完成切换输入法的操作,如图7-2所示。

图 7-1

图 7-2

◆ 锦囊妙计

除了单击状态栏中的输入法图标进行输入法的切换之外,用户还可以使用组合键来进行输入法的切换,默认是<Ctrl>+<Shift>组合键,用户也可以执行【控制面板】→【语言】→【高级设置】→【切换输入法】命令进行自定义组合键的操作。

7.1.3 认识汉字输入法状态栏

本节以搜狗拼音输入法的状态栏为例,介绍状态栏中各按钮的作用,如图7-3所示为搜狗拼音输入法的状态栏。

图 7-3

单击【自定义状态栏】按钮 ,用户可以在弹出的对话框中设置状态栏中显示的图标,设置状态栏的颜色等,如图7-4所示。

单击【中/英文】按钮 ,即可在中文与英文之间进行切换。

单击【中/英文标点】按钮 ,即可在中文标点与英文标点之间进行切换。

单击【表情】按钮 ,会弹出【图片表情】窗口,用户可以给正在输入的内容添加表情包，如图 7-5 所示。

图 7-4　　　　　　　　　　　　　　　图 7-5

单击【皮肤盒子】按钮 👕，弹出【皮肤盒子】对话框，在这里用户可以给输入法更换皮肤，如图 7-6 所示。

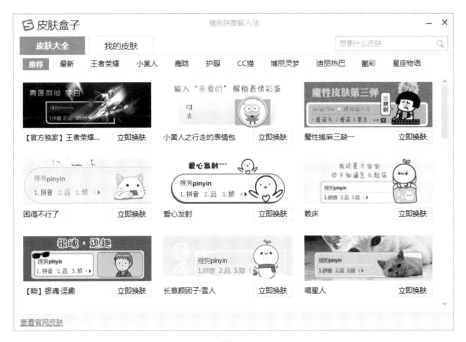

图 7-6

单击【语音】按钮 🎤，弹出【语音输入】对话框，如图 7-7 所示。在电脑上插入麦克风，对着麦克风说话即可进行语音输入。

单击【输入方式】按钮 ，弹出【输入方式】对话框，其中包括【语音输入】【手写输入】【特殊符号】和【软键盘】四个选项，如图7-8所示。

图 7-7

图 7-8

单击【搜狗工具箱】按钮 ，弹出【搜狗工具箱】对话框，用户可以在其中找到所有搜狗输入法的特色功能，如图7-9所示。

图 7-9

7.1.4 常见的输入法

常见的拼音输入法有搜狗拼音输入法、紫光拼音输入法、微软拼音输入法、智能拼音输入法、全拼输入法等；而五笔字型输入法主要是指王码和极品五笔字型输入法，王码五笔字型输入法已经有20多年的历史了，是国内占主导地位的汉字输入技术。

7.1.5 常用的打字软件

金山打字是目前比较常用的一款打字软件，如图7-10所示。金山打字是一款教育软件，主要由金山打字通和金山打字游戏两部分构成，金山打字通针对用户水平定制个性化的练习课程，循序渐进。

金山打字通是专门为上网初学者开发的一款软件。针对用户水平定制个性化的练习课程，每种输入法均从易到难提供单词（音节、字根）、词汇以及文章，循序渐进进行练习，并且辅以打字游戏。适用于打字教学、电脑入门、职业培训、汉语言培训等多种使用场景。

图 7-10

◆ 锦囊妙计

金山打字通是教育系列软件之一，是一款功能齐全、数据丰富、界面友好、集打字练习和测试于一体的打字软件。循序渐进突破盲打障碍，短时间运指如飞，完全摆脱枯燥学习，联网对战打字游戏，易错键常用词重点训练，纠正南方音、模糊音，不背字根照学五笔，提供五笔反查工具，配有数字键、同声录入等12项专业训练。

7.1.6 半角和全角

半角和全角的区别在于除汉字以外的其他字符（比如标点符号、字母、数字等）占用位置的大小。在电脑屏幕上，一个汉字要占两个英文字符的位置，人们把一个英文字符所占的位置称为"半角"，相对地把一个汉字所占的位置称为"全角"。

在搜狗状态栏中单击【全/半角】按钮 即可在全/半角之间切换，如图7-11所示。

图 7-11

◆ 知识拓展

在输入汉字时，系统提供"半角"和"全角"两种不同的输入状态，但是对于英文字母、符号和数字等这些通用字符不同于汉字，在半角状态它们被作为英文字符处理，而在全角状态，它们又可作为中文字符处理。

7.2 管理输入法

如果准备在电脑中输入汉字，则首先需要对系统输入法进行设置，如添加输入法、删除输入法、安装其他输入法和设置默认输入法等。本节将介绍在 Windows 10 操作系统中设置系统输入法的方法。

↑扫码看视频

7.2.1 添加和删除输入法

安装输入法后，用户就可以将安装的输入法添加至输入法列表，不需要的输入法还可以将其删除。

Step 01 用鼠标右键单击【开始】按钮，在弹出的快捷菜单中选择【控制面板】命令，如图 7-12 所示。

图 7-12

Step 02 弹出【所有控制面板项】窗口，*1.* 在【查看方式】列表中选择【大图标】命令；*2.* 单击【语言】链接项，如图 7-13 所示。

Step 03 弹出【语言】窗口，单击【选项】链接项，如图 7-14 所示。

图 7-13　　　　　　　　　图 7-14

Step 04 弹出【语言选项】窗口，单击【添加输入法】链接项，如图 7-15 所示。
Step 05 进入【输入法】窗口，*1.* 选择【微软五笔】选项；*2.* 单击【添加】按钮，如图 7-16 所示。

图 7-15　　　　　　　　　图 7-16

Step 06 返回【语言选项】窗口，在【输入法】选项组中即可看到选择的输入法，单击【保存】按钮即可完成添加输入法的操作，如图 7-17 所示。

Step 07 打开【语言选项】窗口，在【输入法】选项组中单击准备删除的输入法右侧的【删除】按钮，如图 7-18 所示。

图 7-17　　　　　　　　　图 7-18

Step 08 可以看到输入法已经被删除，单击【保存】按钮即可完成删除汉字输入法的操作，如图 7-19 所示。

图 7-19

7.2.2 安装其他输入法

Windows 10 操作系统虽然自带了一些输入法，但不一定能满足用户的需求，用户可以自己安装其他的输入法，下面以安装百度输入法为例介绍安装其他输入法的操作方法。

Step 01 双击下载的安装文件，即可启动百度输入法安装向导，单击【立即安装】按钮，如图 7-20 所示。

Step 02 开始安装，用户可以查看安装进度，需要等待一段时间，如图 7-21 所示。

图 7-20

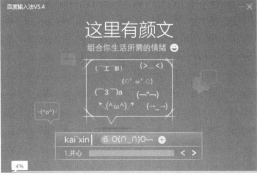

图 7-21

Step 03 完成安装，单击【立即体验】按钮即可完成安装其他输入法的操作，如图 7-22 所示。

图 7-22

7.2.3 设置默认输入法

如果想在系统启动时自动切换到某一种输入法，可以将其设置为默认输入法，下面详细介绍设置默认输入法的操作方法。

Step 01 用鼠标右键单击【开始】按钮，在弹出的快捷菜单中选择【控制面板】命令，如图 7-23

所示。

Step 02 弹出【所有控制面板项】窗口，**1.** 在【查看方式】列表中选择【大图标】命令；**2.** 单击【语言】链接项，如图 7-24 所示。

图 7-23

图 7-24

Step 03 弹出【语言】窗口，单击【高级设置】链接项，如图 7-25 所示。

Step 04 弹出【高级设置】窗口，**1.** 在【替代默认输入法】选项组中单击下拉按钮，在弹出的下拉列表中选择要设置的默认输入法；**2.** 单击【保存】按钮即可完成设置默认输入法的操作，如图 7-26 所示。

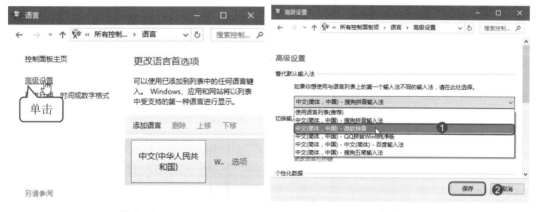

图 7-25　　　　　　　　　　　　　　　图 7-26

◆ **知识拓展**

在【高级设置】窗口中，用户可以为每个应用窗口设置不同的输入法，可以更改语言栏的热键，可以设置在切换输入法时使用桌面语言栏，在个性化设置中还可以设置是否使用自动学习等内容。

7.3 使用拼音输入法

↑扫码看视频

拼音输入法是常见的一种输入法，用户最初的输入形式基本上都是从拼音开始的。拼音输入法是按照拼音规定来输入汉字的，不需要特殊记忆，符合人的思维习惯，只要会拼音就可以输入汉字。

7.3.1 使用全拼输入

全拼输入是指输入字的全部汉语拼音字母，下面详细介绍使用搜狗拼音输入法全拼输入词组的方法。

Step 01 用鼠标右键单击搜狗拼音输入法的状态条，在弹出的快捷菜单中选择【设置属性】命令，如图 7-27 所示。

Step 02 弹出【属性设置】对话框，*1.* 在左侧列表中选择【常用】命令；*2.* 在右侧【特殊习惯】选项组中选中【全拼】单选按钮；*3.* 单击【确定】按钮，如图 7-28 所示。

图 7-27

图 7-28

Step 03 打开电脑中的【记事本】程序，切换至搜狗拼音输入法，在键盘上按下"计算机"的汉语拼音全拼"jisuanji"，如图 7-29 所示。

Step 04 在键盘上按下词组所在的序号"1"，通过以上步骤即可完成使用全拼输入词组的操作，如图 7-30 所示。

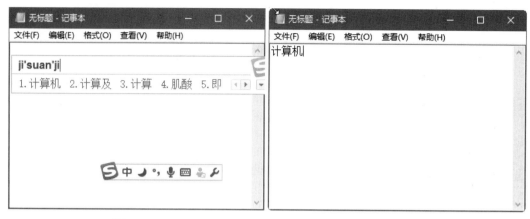

图 7-29　　　　　　　　　　　　　　图 7-30

7.3.2 使用简拼输入

首字母输入又称为简拼输入，只需要输入汉字全拼中的第 1 个字母即可，下面详细介绍使用搜狗拼音输入法简拼输入词组的方法。

Step 01 用鼠标右键单击搜狗拼音输入法的状态条，在弹出的快捷菜单中选择【设置属性】命令，如图 7-31 所示。

Step 02 弹出【属性设置】对话框，**1.** 在左侧列表中选择【常用】命令；**2.** 在右侧【特殊习惯】选项组中选中【全拼】单选按钮；**3.** 勾选【首字母简拼】和【超级简拼】复选框；**4.** 单击【确定】按钮，如图 7-32 所示。

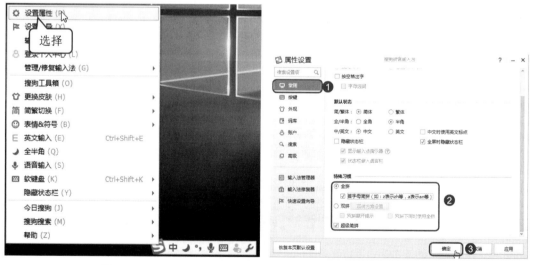

图 7-31　　　　　　　　　　　　　　图 7-32

Step 03 打开电脑中的【记事本】程序，切换至搜狗拼音输入法，在键盘上按下"计算机"的汉语拼音简拼"jsj"，如图 7-33 所示。

Step 04 在键盘上按下词组所在的序号"1",通过以上步骤即可完成使用简拼输入词组的操作,如图 7-34 所示。

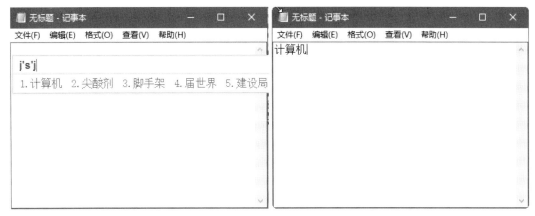

图 7-33　　　　　　　　　　　　　　　图 7-34

7.3.3 使用双拼输入

双拼输入是建立在全拼输入基础上的一种改进的输入方法,它通过将汉语拼音中每个含多个字母的声母或韵母各自映射到某个按键上,使得每个字都可以用最多两次按键打出,这种对应表称为双拼方案,目前的流行拼音输入法都支持双拼输入,如图 7-35 所示为搜狗拼音输入法的双拼设置界面,单击【双拼方案设置】按钮,可以对双拼方案进行设置。

图 7-35

现在拼音输入以词组甚至短句输入为主,双拼输入的效率低于全拼和简拼综合在一起的混拼输入,双拼输入多用于低配置的且按键不太完备的手机、电子字典等。

◆ 锦囊妙计

由于简拼候选词过多，使用全拼又需要输入较多的字符，开启双拼模式后，就可以采用简拼和全拼混用的模式，这样能够兼顾最少输入字母和输入效率。打字熟练的人会经常使用全拼和简拼混用的方式。

7.3.4 中英文混合输入

在平时写邮件、发送消息时经常会需要输入一些英文字符，搜狗拼音输入法自带了中英文混合输入功能，便于用户快速在中文输入状态下输入英文。

Step 01 打开电脑中的【记事本】程序，使用搜狗拼音输入法在键盘上输入"woyaoquparty"，如图 7-36 所示。

Step 02 按下数字键"1"即可输入"我要去 party"，如图 7-37 所示。

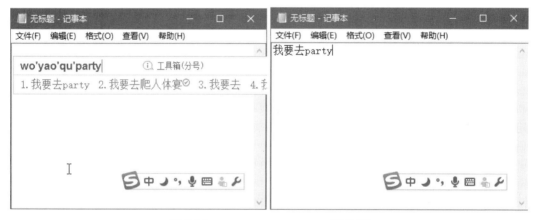

图 7-36　　　　　　　　　　图 7-37

◆ 锦囊妙计

在中文输入状态下，如果想要输入英文，可以在输入字母后，直接按 <Enter> 键输入；如果要输入一些常用的包含字母和数字的验证码如"w8i6"，也可以直接输入"w8i6"，然后按下 <Enter> 键即可。

7.3.5 拆字辅助码的输入

使用搜狗拼音输入法的拆字辅助码可以快速定位到一个字，常在候选字较多，并且要输入的汉字比较靠后时使用，下面详细介绍使用拆字辅助码输入"娴"字的具体方法。

Step 01 打开电脑中的【记事本】程序，使用搜狗拼音输入法在键盘上输入"xian"，此时看不到候选项中包含有"娴"字，如图 7-38 所示。

Step 02 按 <Tab> 键，再输入"娴"字的两部分"女"和"闲"的首字母"n"和"x"，就可以看到"娴"字了，如图 7-39 所示。

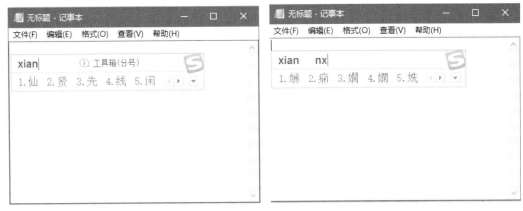

图 7-38　　　　　　　　　　　　图 7-39

Step 03 按下 <Space> 键即可完成输入"娴"字的操作，如图 7-40 所示。

图 7-40

独体字由于不能被拆分成两部分，所以独体字是没有拆字辅助码的。

7.3.6 快速插入当前日期时间

使用搜狗拼音输入法可以快速插入当前的日期和时间，下面详细介绍快速插入当前日期和时间的操作方法。

Step 01 打开电脑中的【记事本】程序，使用搜狗拼音输入法在键盘上输入"日期"的简拼"rq"，即可在候选字中看到当前日期，如图 7-41 所示。

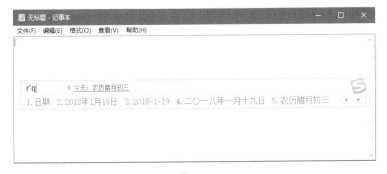

图 7-41

Step 02 按下当前日期所在数字键"2"，完成输入日期的操作，如图 7-42 所示。

Step 03 使用相同方法，输入"时间"的简拼"sj"，即可在候选字中看到当前时间，如图7-43所示。

图 7-42　　　　　　　　　　　　　图 7-43

Step 04 按下当前时间所在数字键"2"，完成输入时间的操作，如图7-44所示。

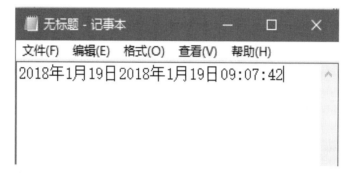

图 7-44

◆ **知识拓展**

使用搜狗拼音输入法在键盘上输入"星期"的简拼"xq"，即可在候选字中看到当前星期，按下星期所在的数字键，通过以上步骤完成快速插入当前星期的操作。

7.4 使用五笔字型输入法

　　五笔字型输入法是一种高效率的汉字输入法，是只使用25个字母键，以键盘上汉字的笔画、字根为单位，向电脑输入汉字的方法。这一输入法是在世界上占主导地位的汉字键盘输入法。

↑扫码看视频

7.4.1 五笔字型输入法基础

五笔字型输入法把汉字分为 3 个层次，分别为笔画、字根和单字。笔画是汉字最基本的组成单位，字根是五笔字型输入法中组成汉字最基本的元素。

- ➢ 笔画：是指在书写汉字时，一次写成的一个线条，如"一""丨""丿"和"乙"等。
- ➢ 字根：是指由笔画与笔画单独或经过交叉连接形成的，结构相对不变的，类似于偏旁部首的结构，如"耂""纟""勹"和"米"等。
- ➢ 单字：是指由字根按一定的位置关系拼装组合成的汉字，如"话""美""鱼""浏""媚"和"蓝"等。

笔画是指在书写汉字的时候，一次写成的连续不间断的线段。如果只考虑笔画的运笔方向，不考虑其轻重长短，笔画可分为 5 种类型，分别为横、竖、撇、捺和折。横、竖、撇和捺是单方向的笔画，折代表一切拐弯的笔画。

在五笔字型输入法中，为了便于记忆和排序，分别以 1、2、3、4、5 作为 5 种笔画的代号，如表 7-1 所示。

表 7-1 汉字的 5 种笔画

名称	代码	笔画走向	笔画及变形	说明
横	1	左→右	一、✓	"提"视为"横"
竖	2	上→下	丨、亅	"左竖钩"视为"竖"
撇	3	右上→左下	丿	水平调整
捺	4	左上→右下	丶	"点"视为"捺"
折	5	带转折	乙、乚、㇇、乀、㇈	除"左竖钩"外所有带折的笔画

在对汉字进行分类时，根据汉字字根间的位置关系，可以将汉字分为 3 种字型，分别为左右型、上下型和杂合型。在五笔字型输入法中，根据 3 种字型各自拥有的汉字数量，分别用代码 1、2 和 3 来表示，如表 7-2 所示。

另外，在五笔字型输入法中，汉字字型结构的判定需要遵守几条约定，下面详细介绍判断汉字字型结构的相关知识。

- ➢ 单笔画与一个基本字根相连的汉字，被视为杂合型，如汉字"千、天、自、天、千、久和乡"等。
- ➢ 基本字根和孤立的点组成的汉字，被视为杂合型，如汉字"太、勺、主、斗、下、术和叉"等。
- ➢ 包含两个字根，并且两个字根相交的汉字，被视为杂合型，如汉字"无、本、甩、丈和电"等。

➢ 包含有字根"走、辶和廴"的汉字，被视为杂合型，如汉字"赶、逃、建、过、延和趣"等。

表 7-2 汉字的 3 种字型结构

字型	代码	说明	结构	图示	字例
左右型	1	整字分成左右两部分或左中右三部分，并列排列，字根之间有较明显的距离，每部分可由一个或多个字根组成	双合字	∥	组、源、扩
			三合字	∭	侧、浏、例
			三合字		佐、流、借
			三合字		部、数、封
上下型	2	整字分成上下两部分或上中下三部分，上下排列，它们之间有较明显的间隙，每部分可由一个或多个字根组成	双合字		分、字、肖
			三合字		莫、衷、意
			三合字		恕、华、型
			三合字		磊、蔓、荡
杂合型	3	整字的每个部分之间没有明显的结构位置关系，不能明显地分为左右或上下关系。如汉字结构中的独体字、全包围和半包围结构，字根之间虽有间距，但总体呈一体	单体字	□	乙、目、口
			全包围	▢	回、困、因
			半包围		同、风、冈

◆ 锦囊妙计

通常所说的五笔字型输入法是以王码公司开发的五笔字型输入法为主，到目前为止，王码五笔字型输入法经过了 3 次的改版升级，分别为 86 版五笔字型输入法、98 版五笔字型输入法和 18030 版五笔字型输入法。其中，86 版五笔字型输入法的使用率占五笔字型输入法的 85% 以上。

7.4.2 五笔字根在键盘上的分布

在五笔字型输入法中，字根按照汉字的起始笔画，分布在主键盘区的 <A> ~ <Y> 键共 25 个字母键中（<Z> 键为学习键，不定义字根），每个字母键都有唯一的区位号，如图 7-45 所示。

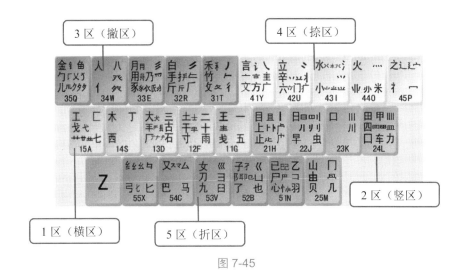

图 7-45

7.4.3 快速记忆五笔字根

为了便于五笔字根的记忆，五笔字型输入法的创造者王永民教授编写了 25 句五笔字根助记词，每个字根键对应一句助记词，通过字根助记词可快速掌握五笔字根，如表 7-3 所示。

表 7-3 助记词分区记忆法

字母	字根助记词	字母	字根助记词
G	王旁青头戋(兼)五一	H	目具上止卜虎皮
F	土士二干十寸雨	J	日早两竖与虫依
D	大犬三羊(羊)古石厂	K	口与川，字根稀
S	木丁西	L	田甲方框四车力
A	工戈草头右框七	M	山由贝，下框几
T	禾竹一撇双人立，反文条头共三一	Y	言文方广在四一，高头一捺谁人去
R	白手看头三二斤	U	立辛两点六门疒（病）
E	月彡(衫)乃用家衣底	I	水旁兴头小倒立
W	人和八，三四里	O	火业头，四点米
Q	金(钅)勹缺点无尾鱼，犬旁留乂儿一点夕，氏无七（妻）	P	之字军盖建道底，摘礻(示)衤(衣)
N	已半巳满不出己，左框折尸心和羽	X	慈母无心弓和匕，幼无力
B	子耳了也框向上	C	又巴马，丢矢矣
V	女刀九臼山朝西		

7.4.4 汉字的输入技巧与实例

4个字根汉字是指刚好可以拆分成4个字根的汉字。4个字根汉字的输入方法为：第1个字根所在键 + 第2个字根所在键 + 第3个字根所在键 + 第4个字根所在键。下面举例说明4个字根汉字的输入方法，如表7-4所示。

表7-4 4个字根汉字的输入方法

笔画	第1个字根	第2个字根	第3个字根	第4个字根	编码
屡	尸	彳	米	女	NTOV
型	一	廾	刂	土	GAJF
都	土	丿	日	阝	FTJB
热	扌	九	丶	灬	RVYO
楷	木	匕	匕	白	SXXR

超过4个字根的汉字是按照规定拆分之后，总数多于4个字根的字。超过4个字根汉字的输入方法为：第1个字根所在键 + 第2个字根所在键 + 第3个字根所在键 + 末字根所在键。下面举例说明超过4个字根汉字的输入方法，如表7-5所示。

表7-5 超过4个字根汉字的输入方法

汉字	第1个字根	第2个字根	第3个字根	末字根	编码
融	一	口	冂	虫	GKMJ
跨	口	止	大	乚	KHDN
佩	亻	几	一	丨	WMGH
煅	火	亻	三	又	OWDC

不足4个字根汉字是指可以拆分成不足4个字根的汉字。不足4个字根汉字的输入方法为：第1个字根所在键 + 第2个字根所在键 + 第3个字根所在键 + 末笔字型识别码。下面举例说明不足4个字根汉字的输入方法，如表7-6所示。

表 7-6 不足 4 个字根汉字的输入方法

汉字	第 1 个字根	第 2 个字根	第 3 个字根	末笔字型识别码	编码
忘	亠	乙	心	U	YNNU
汉	氵	又	Y	Space	ICY
码	石	马	G	Space	DCG
者	土	丿	日	F	FTJF

7.4.5 键面字的输入

键面字是指在五笔字根表中，每个字根键上的第 1 个字根汉字。键面字的输入方法为：连续击打 4 次键名字根所在的字母键。键面字一共有 25 个，其编码如表 7-7 所示。

表 7-7 键面字的编码

汉字	编码	汉字	编码	汉字	编码
王	GGGG	禾	TTTT	已	NNNN
土	FFFF	白	RRRR	子	BBBB
大	DDDD	月	EEEE	女	VVVV
木	SSSS	人	WWWW	又	CCCC
工	AAAA	金	QQQQ	纟	XXXX
目	HHHH	言	YYYY	日	JJJJ
立	UUUU	口	KKKK	水	IIII
田	LLLL	火	OOOO	山	MMMM
之	PPPP				

7.4.6 简码的输入

在五笔字型输入法中，对于出现频率较高的汉字制定了简码规则，即取其编码的第 1、第 2 或第 3 个字根进行编码，再加一个 <Space> 键进行输入的汉字，从而减少输入汉字时的击键次数，提高汉字的输入速度。

1. 一级简码的输入

一级简码一共有 25 个,大部分按首笔画排列在 5 个分区中,其键盘分布如图 7-46 所示。

一级简码,即高频字。在五笔字型输入法中,一级简码的输入方法为:简码汉字所在的字母键 +<Space> 键,如表 7-8 所示。

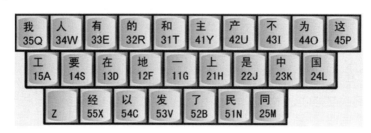

图 7-46

表 7-8 一级简码的输入方法

汉字	编码	汉字	编码	汉字	编码
一	G	上	H	和	T
主	Y	民	N	地	F
是	J	的	R	产	U
了	B	在	D	中	K
有	E	不	I	发	V
要	S	国	L	人	W
为	O	以	C	工	A
同	M	我	Q	这	P
经	X				

2. 二级简码的输入

二级简码是指汉字的编码只有两位,二级简码共有 600 多个,掌握二级简码的输入方法,可以快速提高汉字的输入速度。二级简码的输入方法为:第 1 个字根所在键 + 第 2 个字根所在键 +<Space> 键。二级简码字的汇总如表 7-9 所示。

表 7-9 二级简码的输入方法

	GFDSA	HJKLM	TREWQ	YUIOP	NBVCX
G	五于天末开	下理事画现	玫珠表珍列	玉平不来	与屯妻到互
F	二寺城霜载	直进吉协南	才垢圾夫无	坛增示赤过	志地雪支
D	三夺大厅左	丰百右历面	帮原胡春克	太磁砂灰达	成顾肆友龙
S	本村枯林械	相查可楞机	格析极检构	术样档杰棕	杨李要权楷
A	七革基苛式	牙划或功贡	攻匠菜共区	芳燕东 芝	世节切芭药
H	睛睦睚盯虎	止旧占卤贞	睡脾肯具餐	眩瞳步眯瞎	卢 眼皮此
J	量时晨果虹	早昌蝇曙遇	昨蝗明蛤晚	景暗晃显晕	电最归紧昆
K	呈叶顺呆呀	中虽吕另员	呼听吸只史	嘛啼吵噗喧	叫啊哪吧哟
L	车轩因困轼	四辊加男轴	力斩胃办罗	罚较 辘边	思团轨轻累
M	同财央朵曲	由则 崭册	几贩骨内风	凡赠峭赈迪	岂邮 凤嶷
T	生行知条长	处得各务向	笔物秀答称	入科秒秋管	秘季委么第
R	后持拓打找	年提扣押抽	手白扔失换	扩拉朱搂近	所报扫反批
E	且肝须采肛	胩胆肿肋肌	用遥朋脸胸	及胶膛膦爱	甩服妥肥脂
W	全会估休代	个介保佃仙	作伯仍从你	信们偿伙	亿他分公化
Q	钱针然钉氏	外旬名甸负	儿铁角欠多	久匀乐炙锭	包凶争色
Y	主计庆订度	让刘训为高	放诉衣认义	方说就变这	记离良充率
U	闰半关亲并	站间部曾商	产瓣前闪交	六立冰普帝	决闻妆冯北
I	汪法尖洒江	小浊澡渐没	少泊肖兴光	注洋水淡学	沁池当汉涨
O	业灶类灯煤	粘烛炽烟灿	烽煌粗粉炮	米料炒炎迷	断籽娄烃糯
P	定守害宁宽	寂审宫军宙	客宾家空宛	社实宵灾之	官字安 它
N	怀导居 民	收慢避惭届	必怕 愉懈	心习悄屡忱	忆敢恨怪尼
B	卫际承阿陈	耻阳职阵出	降孤阴队隐	防联孙耿辽	也子限取陛
V	姨寻姑杂毁	叟旭如舅妯	九 奶 婚	妨嫌录灵巡	刀好妇妈姆
C	骊对参骠戏	骒台劝观	矣牟能难允	驻 驼	马邓艰双
X	线结顷 红	引旨强细纲	张绵级给约	纺弱纱继综	纪弛绿经比

3. 三级简码的输入

三级简码是指汉字中前三个字根在整个编码体系中唯一的汉字。三级简码汉字的输入方法为：第1个字根所在键＋第2个字根所在键＋第3个字根所在键＋<Space>键。三级简码的输入由于省略第4个字根和末笔字型识别码的判定，从而节省了输入时间。

如输入三级简码汉字"耙"在键盘上输入前三个字根"三""小""巴"所在键"DIC"，再在键盘上按下 <Space> 键即可。

三级简码字和4个字根汉字都击键4次，但是实际上却大不相同。

➢ 三级简码少分析一个字根，减轻了脑力负担。
➢ 三级简码的最后一击是用拇指击打 <Space> 键，这样其他手指头可自由变位，有利于迅速投入下一次击键。

7.4.7 输入词组

在五笔字型输入法中，所有词组的编码都为等长的4码，因此采用词组的方式输入汉字会比单个输入汉字的速度更快，可以快速提高汉字输入速度。

1. 输入二字词组

二字词组在汉语词汇中占有的比重较大，掌握其输入方法可以有效地提高输入速度。二字词组的输入方法为：第1个汉字的第1个字根＋第1个汉字的第2个字根＋第2个汉字的第1个字根＋第2个汉字的第2个字根，如二字词组"词组"的编码为"YNXE"，其拆分方法如图7-47所示。

图 7-47

2. 输入三字词组

三字词组在汉语词汇中占有的比重也很大，其输入速度约为普通汉字输入速度的3倍，因此可以有效地提高输入速度。三字词组的输入方法为：第1个汉字的第1个字根＋第2个汉字的第1个字根＋第3个汉字的第1个字根＋第3个汉字的第2个字根，如三字词组"科学家"的编码为"TIPE"，其拆分方法如图7-48所示。

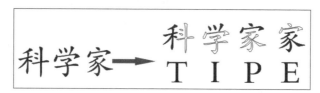

图 7-48

3. 输入四字词组

四字词组在汉语词汇中也占有一定比重，其输入速度约为普通汉字输入速度的 4 倍，因此使用输入四字词组的方法可以有效地提高文档的输入速度。

四字词组的输入方法为：第 1 个汉字的第 1 个字根 + 第 2 个汉字的第 1 个字根 + 第 3 个汉字的第 1 个字根 + 第 4 个汉字的第 1 个字根，如四字词组"兄弟姐妹"的编码为"KUVV"，其拆分方法如图 7-49 所示。

图 7-49

4. 输入多字词组

多字词组在汉语词汇中占有的比重不大，但因其编码简单，输入速度快，因此被经常使用。多字词组的输入方法为：第 1 个汉字的第 1 个字根 + 第 2 个汉字的第 1 个字根 + 第 3 个汉字的第 1 个字根 + 末汉字的第 1 个字根，例如多字词组"中华人民共和国"的编码为"KWWL"，其拆分方法如图 7-50 所示。

图 7-50

◆ **知识拓展**

在拆分四字词组时，词组中如果包含有一级简码的独体字或键面字，只需选取该字所在键位即可；如果一级简码非独体字，则按照键外字的拆分方法拆分即可；如果包含有成字字根，则按照成字字根得到拆分方法拆分即可。

7.5 实践操作与应用

通过本章的学习,读者基本可以掌握汉字输入的基本知识以及一些常见的操作方法,下面通过练习操作,以达到巩固学习、拓展提高的目的。

7.5.1 陌生字的输入方法

以搜狗拼音输入法为例,使用搜狗拼音输入法也可以输入不认识的陌生字,下面详细介绍陌生字的输入方法。

Step 01 打开电脑中的【记事本】程序,在搜狗拼音输入法状态下按字母 <U> 键,启动 U 模式,可以看到笔画对应的按键,如图 7-51 所示。

Step 02 根据"囧"的笔画依次输入"szpnsz",即可看到显示的汉字以及正确的读音,如图 7-52 所示。

图 7-51   图 7-52

Step 03 输入汉字所在的数字键"2",通过以上步骤即可完成输入陌生字的操作,如图 7-53 所示。

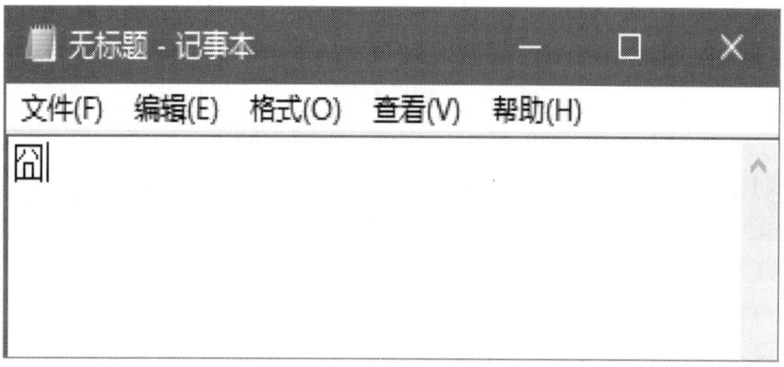

图 7-53

7.5.2 简繁切换

在使用搜狗拼音输入法时，用户还可以进行简体字与繁体字的切换，下面详细介绍简繁切换的操作方法。

Step 01 用鼠标右键单击搜狗拼音输入法的状态条，在弹出的快捷菜单中选择【简繁切换】命令，在弹出的子菜单中选择【繁体（常用）】命令，如图7-54所示。

Step 02 打开电脑中的【记事本】程序，切换至搜狗拼音输入法，在键盘上按下"计算机"的汉语拼音全拼"jisuanji"，可以看到候选字中显示的即为繁体字，如图7-55所示。

图 7-54　　　　　　　　　　图 7-55

Step 03 按下<Space>键输入词组，通过以上步骤即可完成简繁切换的操作，如图7-56所示。

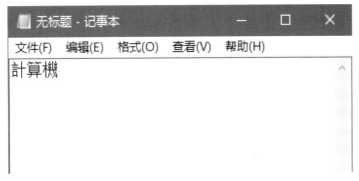

图 7-56

7.5.3 快速输入特殊符号

使用搜狗拼音输入法还可以输入表情以及其他特殊符号，下面详细介绍使用搜狗拼音输入法输入表情以及其他特殊符号的方法。

Step 01 打开"记事本"程序,在搜狗拼音输入法的状态条中单击【软键盘】按钮,在弹出的对话框中单击【特殊符号】按钮,如图 7-57 所示。

Step 02 打开【符号大全】对话框,在其中可以选择符号,此处以选择星号为例,如图 7-58 所示。

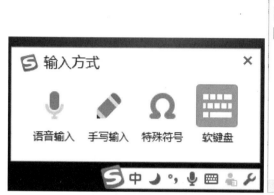

图 7-57

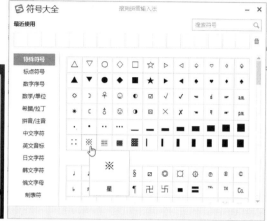

图 7-58

Step 03 可以看到记事本中已经输入了星号,通过以上步骤即可完成快速输入特殊符号的操作,如图 7-59 所示。

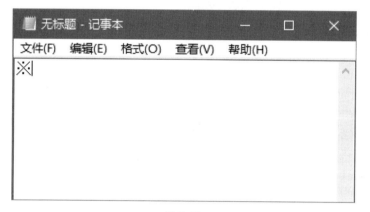

图 7-59

◆ **知识拓展**

在【符号大全】对话框中,用户可以选择【特殊符号】【标点符号】【数字序号】【数学/单位】【希腊/拉丁】【拼音/注音】【中文字符】【英文音标】【日文字符】等各式各样的特殊符号。

第8章

使用 Word 2016 输入与编写文章

本章要点

- 文档基本操作
- 输入与编辑文本
- 设置文本字体格式
- 调整段落格式

本章主要内容

本章主要介绍了文档基本操作、输入与编辑文本和设置文本字体格式方面的知识与技巧,同时讲解了如何调整段落格式,在本章的最后还针对实际的工作需求,讲解了使用文档视图查看文档、添加批注和修订,以及设置纸张大小和方向的方法。通过本章的学习,读者可以掌握使用 Word 2016 输入与编写文章方面的知识,为深入学习 Windows 10 和 Office 2016 知识奠定基础。

8.1 文档基本操作

Word 2016 是 Office 2016 中的一个重要的组成部分,是 Microsoft 公司于 2016 年推出的一款优秀文字处理软件,主要用于完成日常办公和文字处理等操作。本节将介绍 Word 2016 文档的基本操作。

↑扫码看视频

8.1.1 新建文档

如果想要新建文档,首先打开 Word 2016 程序,下面介绍新建文档的操作方法。

Step 01 在桌面上,单击【开始】按钮,在打开的【开始】屏幕中单击【Word 2016】程序,如图 8-1 所示。

Step 02 打开 Word 2016 主界面,在模板区域 Word 提供了多种可创建的新文档类型,这里单击【空白文档】按钮,如图 8-2 所示。

图 8-1

图 8-2

Step 03 完成新建空白文档的操作,如图 8-3 所示。

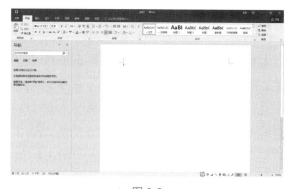

图 8-3

◆ 锦囊妙计

 除了上面介绍的方法，用户还可以在桌面上单击鼠标右键，在弹出的快捷菜单中选择【新建】命令，在弹出的子菜单中选择【Microsoft Word 文档】命令，即可创建一个名为"新建 Microsoft Word 文档"的 Word 空白文档。

8.1.2 保存文档

素材文件：无
效果文件：配套素材 \ 第 8 章 \ 效果文件 \ 8.1.2 保存文档 .docx

新建完文档后，用户可以将文档保存，下面详细介绍保存文档的操作方法。

Step 01 在新建的文档中选择【文件】选项卡，如图 8-4 所示。

Step 02 进入 Backstage 视图，**1.** 选择【保存】命令，自动跳转到【另存为】选项卡；**2.** 选择【浏览】选项，如图 8-5 所示。

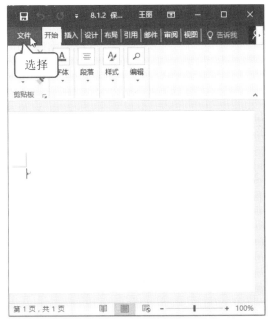

图 8-4

图 8-5

Step 03 弹出【另存为】对话框，**1.** 选择文档准备保存的位置；**2.** 在【文件名】文本框中输入名称；**3.** 单击【保存】按钮，如图 8-6 所示。

Step 04 返回到文档中，可以看到在文档名称位置已经显示刚刚保存的名称，通过以上步骤即可完成保存文档的操作，如图 8-7 所示。

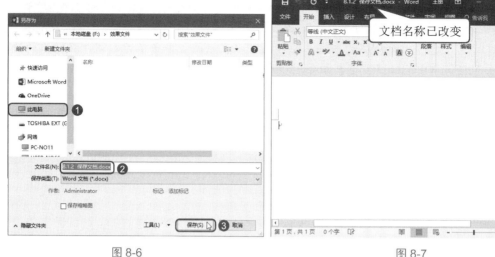

图 8-6　　　　　　　　　　　　　　　图 8-7

8.1.3　打开和关闭文档

要编辑以前保存过的文档，需要先在 Word 中打开该文档，编辑之后可以将文档关闭，下面详细介绍打开和关闭文档的操作。

Step 01 在新建的文档中选择【文件】选项卡，如图 8-8 所示。

Step 02 进入 Backstage 视图，**1.** 选择【打开】命令；**2.** 在打开的面板中选择【浏览】选项，如图 8-9 所示。

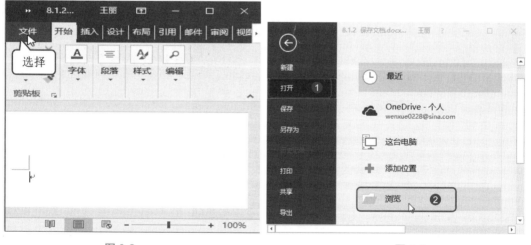

图 8-8　　　　　　　　　　　　　　　图 8-9

Step 03 弹出【打开】对话框，**1.** 选择文档所在的位置；**2.** 选中文档；**3.** 单击【打开】按钮，如图 8-10 所示。

Step 04 文档已经被打开，通过以上步骤即可完成打开文档的操作，如图 8-11 所示。

第 8 章　使用 Word 2016 输入与编写文章

图 8-10　　　　　　　　　　　　图 8-11

Step 05 单击文档右上角的【关闭】按钮即可关闭文档，如图 8-12 所示。

图 8-12

◆ 知识拓展

　　除了上面介绍的方法外，进入 Backstage 视图，在 Backstage 视图中选择【关闭】命令，也可以关闭文档，或者按下组合键 <Ctrl>+<F4> 也可以快速关闭文档。

8.2　输入与编辑文本

　　在 Word 2016 中建立文档后，用户可以在文档中输入并编辑文本内容，使文档满足工作需要。用户可以在文档中输入汉字、英文字符、数字和特殊符号等，本节将介绍输入与编辑文本的操作方法。

↑ 扫码看视频

161

8.2.1 输入文本

素材文件：无

效果文件：配套素材\第8章\效果文件\8.2.1 输入文本.docx

文本的输入功能非常简单，运用前面介绍的打字知识在文档编辑区输入文本内容。下面详细介绍输入文本的操作。

Step 01 启动 Word 2016，使用搜狗拼音输入法输入"中文"的全拼"zhongwen"，按下 <Space> 键完成输入，在键盘上按下 <，> 键，输入中文的逗号，如图 8-13 所示。

Step 02 按下 <Shift> 键切换至英文输入状态，按下 <Enter> 键换行，输入"Word 2016"，如图 8-14 所示。

图 8-13　　　　　　　　　图 8-14

Step 03 按下 <Enter> 键换行，**1.** 选择【插入】选项卡；**2.** 单击【文本】下拉按钮，**3.** 在弹出的下拉列表中单击【日期和时间】按钮，如图 8-15 所示。

Step 04 弹出【日期和时间】对话框，**1.** 在【可用格式】列表框中选择一种格式；**2.** 单击【确定】按钮，如图 8-16 所示。

 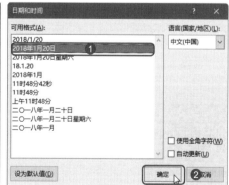

图 8-15　　　　　　　　　图 8-16

Step 05 可以看到在文档中输入了当前的日期,通过以上步骤即可完成输入文档的操作,如图 8-17 所示。

图 8-17

8.2.2 选择文本

如果用户准备对 Word 文档中的文本进行编辑操作,首先需要选择文本。下面介绍选择文本的一些方法。

- ➢ 选择任意文本:将"|"标记定位在准备选择的文字左侧或右侧,单击并拖动"|"标记至准备选择的文字的右侧或左侧,然后释放鼠标左键即可选中单个文字或某段文本。
- ➢ 选择一行文本:移动鼠标指针到准备选择的某一行文字的行首空白处,待鼠标指针变成向右的箭头形状时,单击鼠标左键即可选中该行文本。
- ➢ 选择一段文本:将"|"标记定位在准备选择的一段文本的任意位置,然后连续单击鼠标三次即可选中一段文本。
- ➢ 选择整篇文本:移动鼠标指针指向文本左侧的空白处,待鼠标指针变成向右的箭头形状时,连续单击鼠标左键三次即可选择整篇文档;将"|"标记定位在文本左侧的空白处,待鼠标指针变成向右箭头形状时,在按住 <Ctrl> 键不放的同时,单击鼠标左键即可选中整篇文档;将"|"标记定位在整篇文档的任意位置,按下键盘上的 <Ctrl>+<A> 组合键即可选中整篇文档。
- ➢ 选择词:将"|"标记定位在准备选择的词的位置,连续单击两次鼠标左键即可选择词。
- ➢ 选择句子:在按住 <Ctrl> 键的同时,单击准备选择的句子的任意位置即可选择句子。
- ➢ 选择垂直文本:将"|"标记定位在任意位置,然后在按住 <Alt> 键的同时拖动鼠标指针到目标位置,即可选某一垂直块文本。
- ➢ 选择分散文本:选中一段文本后,在按住 <Ctrl> 键的同时再选定其他不连续的文本即可选定分散文本。

一些组合键可以帮助用户快速浏览到文档中的内容,下面详细介绍 Word 2016 中的组合键作用:

- ➢ 组合键 <Shift>+<↑>:选中"|"标记所在位置至上一行对应位置处的文本。

- 组合键 <Shift>+<↓>：选中"|"标记所在位置至下一行对应位置处的文本。
- 组合键 <Shift>+<←>：选中"|"标记所在位置左侧的一个文字。
- 组合键 <Shift>+<→>：选中"|"标记所在位置右侧的一个文字。
- 组合键 <Shift>+<Home>：选中"|"标记所在位置至行首的文本。
- 组合键 <Shift>+<End>：选中"|"标记所在位置至行尾的文本。
- 组合键 <Ctrl>+<Shift>+<Home>：选中"|"标记位置至文本开头的文本。
- 组合键 <Ctrl>+<Shift>+<End>：选中"|"标记位置至文本结尾的文本。

8.2.3 复制与移动文本

素材文件：配套素材 \ 第 8 章 \ 素材文件 \ 8.2.3 复制与移动文本 .docx

效果文件：配套素材 \ 第 8 章 \ 效果文件 \ 8.2.3 复制与移动文本 .docx

"复制"文本是指把文档中的一部分"拷贝"一份，然后放到其他位置，而"复制"的内容仍按原样保留在原位置。"移动"文本则是指把文档中的一部分内容移动到文档中的其他位置，原有位置的文档不保留。下面详细介绍复制与移动文本的方法。

Step 01 用鼠标右键单击选中文本，在弹出的快捷菜单中选择【复制】命令，如图 8-18 所示。

Step 02 重新定位"|"标记，用鼠标右键单击"|"标记所在位置，在弹出的快捷菜单中单击【粘贴选项】命令下的【保留源格式】按钮，如图 8-19 所示。

图 8-18　　　　　　　　　　图 8-19

Step 03 可以看到文本内容已经复制到新位置，通过以上步骤即可完成复制文本内容的操作，如图 8-20 所示。

Step 04 用鼠标右键单击选中文本，在弹出的快捷菜单中选择【剪切】命令，如图 8-21 所示。

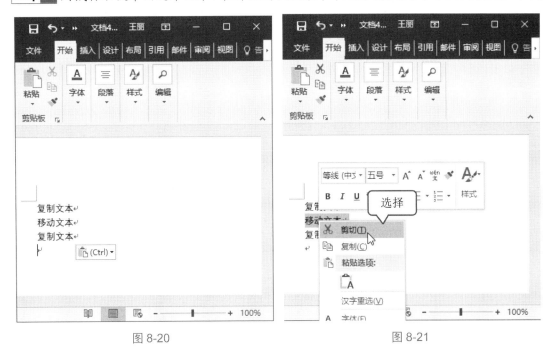

图 8-20　　　　　　　　　　　图 8-21

Step 05 重新定位 "｜" 标记，用鼠标右键单击 "｜" 标记所在位置，在弹出的快捷菜单中单击【粘贴选项】命令下的【保留源格式】按钮，如图 8-22 所示。

Step 06 可以看到文本内容已经移动到新位置，通过以上步骤即可完成移动文本的操作，如图 8-23 所示。

图 8-22　　　　　　　　　　　图 8-23

◆ 锦囊妙计

除了上面介绍的复制与移动文本的方法之外，用户还可以按下 <Ctrl>+<C> 组合键复制选中的文本，再按下 <Ctrl>+<V> 组合键即可粘贴文本；按下 <Ctrl>+<X> 组合键剪切文本，再按下 <Ctrl>+<V> 组合键即可移动文本。

8.2.4 删除与修改错误的文本

素材文件： 配套素材 \ 第 8 章 \ 素材文件 \ 8.2.4 删除与修改错误的文本 .docx

效果文件： 配套素材 \ 第 8 章 \ 效果文件 \ 8.2.4 删除与修改错误的文本 .docx

在 Word 2016 文档中进行文本的输入时，如果用户发现输入的文本有错误，可以对文本进行删除和修改，从而保证输入的正确性，下面介绍删除与修改文本的操作方法。

Step 01 在文档中选中准备修改的文本内容，选择合适的输入法输入正确的文本内容，如图 8-24 所示。

Step 02 可以看到被选中的文本内容已经改变，通过上述步骤即可完成修改文本的操作，如图 8-25 所示。

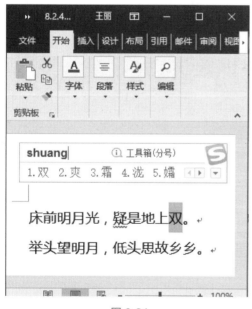
图 8-24

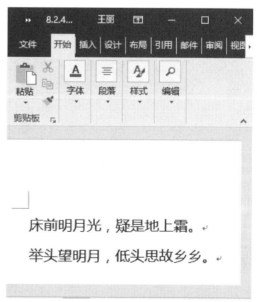
图 8-25

Step 03 在文档中选中准备删除的文本内容，如图 8-26 所示。

Step 04 按下【Backspace】键，可以看到选中的文本已经被删除，通过上述步骤即可完成删除文本的操作，如图 8-27 所示。

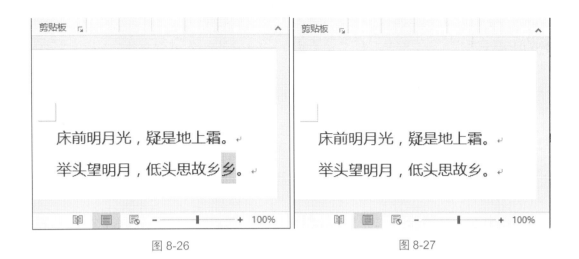

图 8-26　　　　　　　　　　　　图 8-27

8.2.5　查找与替换文本

素材文件：配套素材\第 8 章\素材文件\8.2.5 查找与替换文本 .docx

效果文件：配套素材\第 8 章\效果文件\8.2.5 查找与替换文本 .docx

在 Word 2016 中，通过查找与替换文本操作可以快速查看或修改文本内容，下面介绍查找文本和替换文本的操作方法。

Step 01 将"|"标记定位在文本的任意位置，**1.** 在【开始】选项卡中单击【编辑】下拉按钮；**2.** 在弹出的下拉列表中选择【查找】命令，如图 8-28 所示。

Step 02 弹出【导航】栏，在文本框中输入准备查找的文本内容如"公司"，按下 <Enter> 键，如图 8-29 所示。

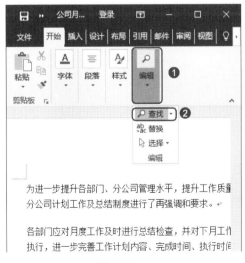　　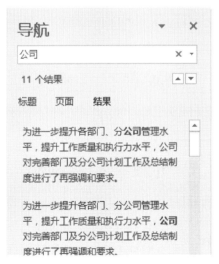

图 8-28　　　　　　　　　　　　图 8-29

Step 03 在文档中会显示该文本所在的页面和位置，该文本用黄色标出，如图 8-30 所示。
Step 04 在【开始】选项卡中，**1.** 单击【编辑】下拉按钮；**2.** 在弹出的下拉列表中选择【替换】命令，如图 8-31 所示。

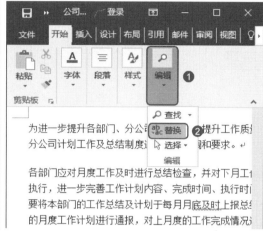

图 8-30　　　　　　　　　　　　　　图 8-31

Step 05 弹出【查找和替换】对话框，**1.** 在【替换】选项卡中的【查找内容】和【替换为】文本框中输入内容；**2.** 单击【全部替换】按钮即可完成替换文本的操作，如图 8-32 所示。

图 8-32

◆ 知识拓展

在删除文本时，用户也可以将"|"标记定位在准备删除文本的左侧，然后按下 <Delete> 键可以依次删除文本内容，或者选中准备删除的文本，按下 <Delete> 键，文本即可被删除。

8.3 设置文本字体格式

在输入所有内容之后,用户即可设置文档中的字体格式,并给字体添加效果,从而使文档看起来层次分明、结构工整。本节将详细介绍设置文本字体格式的操作。

↑扫码看视频

8.3.1 设置文本的字体

| 素材文件:配套素材\第8章\素材文件\8.3.1 设置文本的字体.docx |
| 效果文件:配套素材\第8章\效果文件\8.3.1 设置文本的字体.docx |

在文档中输入内容后,用户可以对字体进行设置,本节详细介绍设置文本字体的操作方法。

Step 01 选中准备进行格式设置的文本内容,**1.** 在【开始】选项卡中单击【字体】下拉按钮;**2.** 在弹出的下拉列表中设置字体为【方正粗倩简体】,如图 8-33 所示。

Step 02 可以看到被选中的文本字体已经改变,通过以上步骤即可完成设置文本字体的操作,如图 8-34 所示。

图 8-33   图 8-34

8.3.2 设置字体字号

素材文件：配套素材\第8章\素材文件\8.3.2 设置字体字号.docx

效果文件：配套素材\第8章\效果文件\8.3.2 设置字体字号.docx

在文档中输入内容后，用户还可以对字号进行设置，本节详细介绍设置文本字号的操作方法。

Step 01 选中准备进行格式设置的文本内容，**1.** 在【开始】选项卡中单击【字体】下拉按钮；**2.** 在弹出的下拉列表中设置字号为【初号】，如图 8-35 所示。

Step 02 可以看到被选中的文本字号已经改变，通过以上步骤即可完成设置文本字号的操作，如图 8-36 所示。

图 8-35　　　　　　　　　　　图 8-36

8.3.3 设置字体颜色

素材文件：配套素材\第8章\素材文件\8.3.3 设置字体颜色.docx

效果文件：配套素材\第8章\效果文件\8.3.3 设置字体颜色.docx

在文档中输入内容后，用户还可以对字体颜色进行设置，本节详细介绍设置文本字体颜色的操作方法。

Step 01 选中准备进行格式设置的文本内容，**1.** 在【开始】选项卡中单击【字体】下拉按钮；**2.** 在弹出的下拉列表中单击【字体颜色】下拉按钮；**3.** 在弹出的颜色库中选择一种颜色，如图 8-37 所示。

Step 02 可以看到被选中的文本颜色已经改变，通过以上步骤即可完成设置文本颜色的操作，如图 8-38 所示。

图 8-37　　　　　　　　　　　图 8-38

◆ **知识拓展**

用户还可以为字体添加删除线效果，在【开始】选项卡中的【字体】选项组中单击【启动器】按钮，弹出【字体】对话框，在【字体】选项卡中勾选【删除线】复选框，单击【确定】按钮即可完成给字体添加删除线的操作。

8.4　调整段落格式

段落是独立的信息单位，具有自身的格式特征。段落格式是指以段落为单位的格式设置。调整段落格式主要是指设置段落的对齐方式、段落缩进以及段落间距等。

↑扫码看视频

8.4.1　设置段落对齐方式

素材文件：配套素材 \ 第 8 章 \ 素材文件 \ 8.4.1 设置段落对齐方式 .docx

效果文件：配套素材 \ 第 8 章 \ 效果文件 \ 8.4.1 设置段落对齐方式 .docx

段落的对齐方式共有 5 种，分别为文本左对齐、居中、文本右对齐、两端对齐和分散对齐。下面介绍设置段落对齐方式的操作。

Step 01 选中段落文本，**1.** 在【开始】选项卡中单击【段落】下拉按钮；**2.** 在弹出的下拉列表中单击【居中】按钮，如图 8-39 所示。

Step 02 可以看到选中段落已经变为居中对齐，通过以上步骤即可完成设置段落对齐方式的操作，如图 8-40 所示。

图 8-39

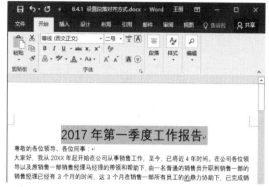

图 8-40

8.4.2 设置段落间距

素材文件： 配套素材 \ 第 8 章 \ 素材文件 \ 8.4.2 设置段落间距 .docx

效果文件： 配套素材 \ 第 8 章 \ 效果文件 \ 8.4.2 设置段落间距 .docx

用户还可以设置段落的间距，设置段落间距的方法非常简单，下面详细介绍设置段落间距的操作方法。

Step 01 选中段落文本，*1.* 在【开始】选项卡中单击【段落】下拉按钮；*2.* 在弹出的下拉列表中单击【段落设置】按钮，如图 8-41 所示。

Step 02 弹出【段落】对话框，*1.* 选择【缩进和间距】选项卡；*2.* 在【间距】选项组的【段前】和【段后】微调框中输入【1 行】；*3.* 单击【确定】按钮，如图 8-42 所示。

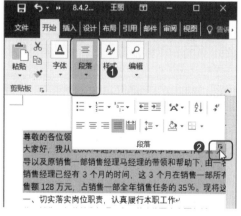

图 8-41

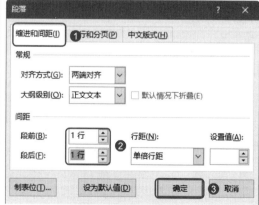

图 8-42

Step 03 可以看到选中段落的间距已经改变,通过以上步骤即可完成设置段落间距的操作,如图 8-43 所示。

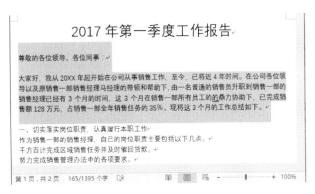

图 8-43

8.4.3 设置行距

素材文件:配套素材\第 8 章\素材文件\8.4.3 设置行距.docx

效果文件:配套素材\第 8 章\效果文件\8.4.3 设置行距.docx

用户还可以设置段落的行距,设置段落行距的方法非常简单,下面详细介绍设置段落行距的操作方法。

Step 01 选中段落文本,**1.** 在【开始】选项卡中单击【段落】下拉按钮;**2.** 在弹出的下拉列表中单击【段落设置】按钮,如图 8-44 所示。

Step 02 弹出【段落】对话框,**1.** 选择【缩进和间距】选项卡;**2.** 在【间距】选项组中的【行距】列表框中选择【1.5 倍行距】;**3.** 单击【确定】命令,如图 8-45 所示。

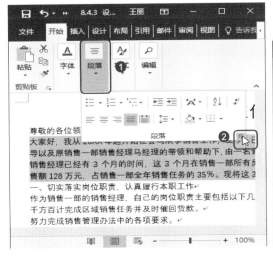

图 8-44

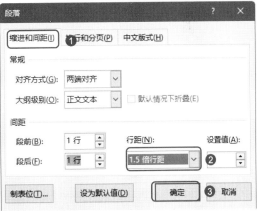

图 8-45

Step 03 可以看到选中段落的行距已经改变,通过以上步骤即可完成设置段落行距的操作,如图 8-46 所示。

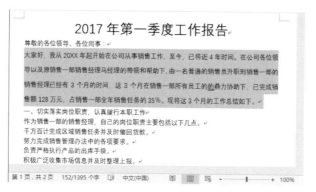

图 8-46

◆ **知识拓展**

用户还可以为段落设置缩进格式,打开【段落】对话框,在【缩进和间距】选项卡中的【缩进】选项组中的【特殊格式】下拉列表框中选择缩进格式,单击【确定】按钮即可完成设置缩进的操作。

8.5 实践操作与应用

通过本章的学习,读者基本可以掌握使用 Word 2016 输入与编辑的基本知识以及一些常见的操作方法,下面通过练习操作,以达到巩固学习、拓展提高的目的。

8.5.1 使用文档视图查看文档

Word 2016 提供了多种视图模式供用户选择,包括页面视图、阅读视图、Web 版式视图、大纲视图和草稿视图。

1. 页面视图

页面视图是 Word 2016 的默认视图方式,可以显示文档的打印外观,主要包括页眉、页脚、图形对象、分栏设置、页面边距等元素,是最接近打印结果的视图方式,在【视图】选项卡下的【视图】选项组中单击【页面视图】按钮即可使用页面视图模式查看文档,如图 8-47 所示。

2. 阅读视图

阅读视图是以图书的分栏样式显示 Word 2016 文档,功能区等元素被隐藏起来。在阅读视图中,用户还可以通过窗口上方的各种视图工具和按钮进行相关的视图操作,在【视图】选项卡中的【视图】组中单击【阅读视图】按钮即可使用阅读视图模式查看文档，如图 8-48 所示。

图 8-47　　　　　　　　　　　　　　图 8-48

3．Web 版式视图

Web 版式视图是显示文档在 Web 浏览器中的外观。例如，文档将显示为一个不带分页符的长页，并且文本和表格将自动换行以适应窗口的大小。在【视图】选项卡中的【视图】组中单击【Web 版式视图】按钮即可使用 Web 版式视图模式查看文档，如图 8-49 所示。

图 8-49

4．大纲视图

大纲视图主要用于 Word 2016 文档结构的设置和浏览，使用大纲视图可以迅速了解文档的结构和内容梗概，在【视图】选项卡中的【视图】组中单击【大纲视图】按钮即可使用大纲视图模式查看文档，如图 8-50 所示。

5. 草稿视图

草稿视图取消了页面边距、分栏、页眉、页脚和图片等元素，仅显示标题和正文，是最节省系统硬件资源的视图方式，在【视图】选项卡中的【视图】组中单击【草稿视图】按钮即可使用草稿视图模式查看文档，如图 8-51 所示。

图 8-50　　　　　　　　　　　　　　　图 8-51

8.5.2　添加批注和修订

素材文件：配套素材\第 8 章\素材文件\8.5.2 添加批注和修订 .docx

效果文件：配套素材\第 8 章\效果文件\8.5.2 添加批注和修订 .docx

为了帮助阅读者更好地理解文档以及跟踪文档的修改状况，可以为 Word 文档添加批注和修订。

Step 01 选中文本内容，**1.** 在【审阅】选项卡中单击【批注】下拉按钮；**2.** 在弹出的下拉列表中选择【新建批注】命令，如图 8-52 所示。

Step 02 弹出批注框，用户可以在其中输入内容，通过以上步骤即可完成添加批注的操作，如图 8-53 所示。

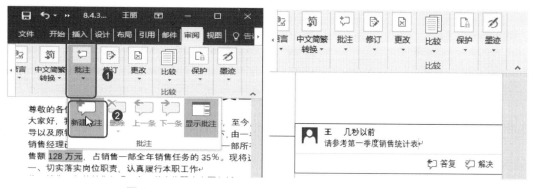

图 8-52　　　　　　　　　　　　　　　图 8-53

第 8 章 使用 Word 2016 输入与编写文章

Step 03 在【审阅】选项卡中单击【修订】下拉按钮，**1.** 在弹出的下拉列表中单击【修订】按钮上半部分；**2.** 在【显示以供审阅】下拉列表中选择【所有标记】命令，如图 8-54 所示。

Step 04 在文档中选中"公司"并输入"企业"，如图 8-55 所示。

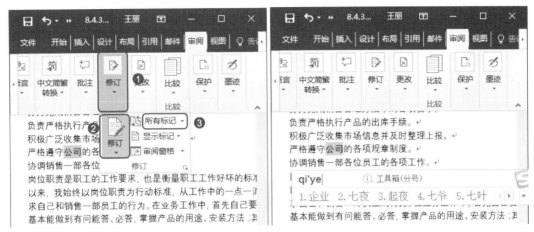

图 8-54　　　　　　　　　　　图 8-55

Step 05 按下 <Enter> 键，可以看到修订的效果如图 8-56 所示。

图 8-56

8.5.3 设置纸张大小和方向

素材文件：无

效果文件：配套素材\第 8 章\效果文件\8.5.3 设置纸张大小和方向 .docx

用户还可以设置纸张大小和方向等要素，设置纸张大小和方向的方法非常简单，下面详细介绍其操作方法。

Step 01 新建文档，**1.** 在【布局】选项卡中的【页面设置】组中单击【纸张大小】下拉按钮；**2.** 在弹出的下拉列表中选择【信函】命令，如图 8-57 所示。

Step 02 可以看到纸张的大小已经改变,通过以上步骤即可完成设置纸张大小的操作,如图 8-58 所示。

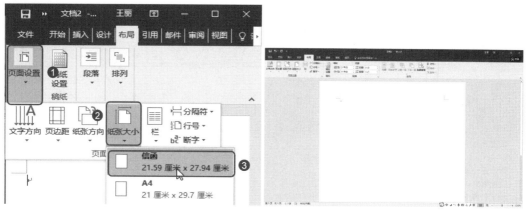

图 8-57　　　　　　　　　　　图 8-58

Step 03 在【布局】选项卡中,**1.** 单击【页面设置】下拉按钮;**2.** 在弹出的下拉列表中单击【纸张方向】下拉按钮;**3.** 在弹出的下拉列表中选择【横向】命令,如图 8-59 所示。

Step 04 可以看到纸张的方向已经改变,通过以上步骤即可完成设置纸张方向的操作,如图 8-60 所示。

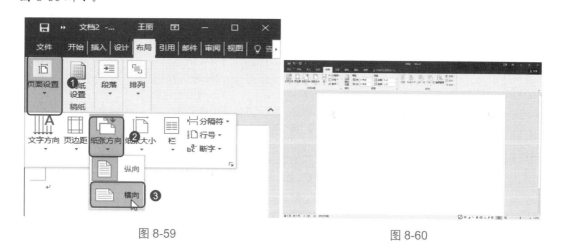

图 8-59　　　　　　　　　　　图 8-60

◆ **知识拓展**

在【审阅】选项卡中的【页面设置】组中,用户还可以设置纸张的页边距、文字方向等,还可以为文本内容进行分栏,为文本添加分隔符、行号等,还可以设置文字的方向。

第 9 章

设计与制作精美的 Word 文档

本章要点

- 在文档中插入图片与艺术字
- 使用文本框
- 应用表格
- 使用 SmartArt 图形
- 设计页眉和页脚

本章主要内容

本章主要介绍了在文档中插入图片与艺术字、使用文本框和应用表格、使用 SmartArt 图形方面的知识与技巧，同时还讲解了如何设计页眉和页脚，在本章的最后还针对实际的工作需求，讲解了设置图片随文字移动、裁剪图片形状和分栏排版的方法。通过本章的学习，读者可以掌握 Word 2016 基础操作方面的知识，为深入学习 Windows 10 和 Office 2016 知识奠定基础。

9.1 在文档中插入图片与艺术字

↑扫码看视频

Word 不但擅长处理普通文本内容，还擅长编辑带有图形对象的文档，即图文混排。在文档中添加图片，可以使文档看起来生动、形象、充满活力。用户可以使用 Word 设计并制作图文并茂、内容丰富的文档。

9.1.1 插入图片

素材文件：配套素材\第 9 章\素材文件\9.1.1 插入图片 .docx

效果文件：配套素材\第 9 章\效果文件\9.1.1 插入图片 .docx

在 Word 2016 中可以插入多种格式的图片，如 ".jpg"".png"和 ".bmp" 等，下面详细介绍插入图片的操作方法。

Step 01 将"|"标记定位在准备插入图片的位置，*1.* 选择【插入】选项卡；*2.* 单击【插图】下拉按钮；*3.* 在弹出的下拉列表中单击【图片】按钮，如图 9-1 所示。

Step 02 弹出【插入图片】对话框，*1.* 选择准备插入的图片；*2.* 单击【插入】按钮，如图 9-2 所示。

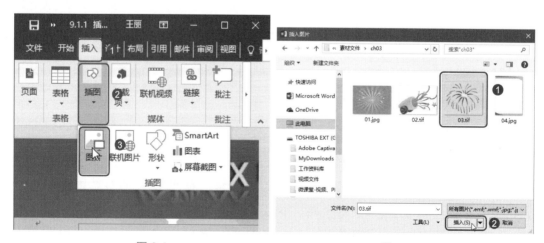

图 9-1　　　　　　　　　图 9-2

Step 03 可以看到图片已经插入到文档中，通过以上步骤即可完成插入图片的操作，如图 9-3

所示。

图 9-3

◆ **锦囊妙计**

 除了可以插入图片，用户还可以在文档中插入联机图片。Word 2016 内部提供了联机剪辑库，其中包含 Web 元素、背景、标志、地点和符号等。

9.1.2 插入艺术字

 素材文件：配套素材 \ 第 9 章 \ 素材文件 \ 9.1.2 插入艺术字 .docx

效果文件：配套素材 \ 第 9 章 \ 效果文件 \ 9.1.2 插入艺术字 .docx

Word 2016 还有插入艺术字的功能，可以为文档添加生动且具有特殊视觉效果的文字，下面详细介绍插入艺术字的操作方法。

Step 01 选择【插入】选项卡，**1.** 单击【文本】下拉按钮；**2.** 在弹出的下拉列表中单击【艺术字】下拉按钮；**3.** 在弹出的下拉列表中选择准备插入的艺术字格式，如图 9-4 所示。

Step 02 在文档中插入了一个艺术字文本框，使用输入法输入内容，如图 9-5 所示。

图 9-4　　　　　　　　　　　　　　图 9-5

Step 03 按下 <Enter> 键，通过以上步骤即可完成插入艺术字的操作，如图 9-6 所示。

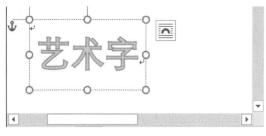

图 9-6

9.1.3 修改艺术字样式

素材文件：配套素材 \ 第 9 章 \ 素材文件 \ 9.1.3 修改艺术字样式 .docx

效果文件：配套素材 \ 第 9 章 \ 效果文件 \ 9.1.3 修改艺术字样式 .docx

插入艺术字之后，用户还可以自己设计艺术字的样式，下面详细介绍修改艺术字样式的操作。

Step 01 选中该艺术字，*1.* 在【格式】选项卡中单击【艺术字样式】下拉按钮；*2.* 在弹出的下拉列表中单击【文本填充】下拉按钮；*3.* 在弹出的下拉列表中选择【红色】，如图 9-7 所示。

Step 02 在【艺术字样式】组中单击【文本轮廓】下拉按钮，在弹出的下拉列表中选择【无轮廓】命令，如图 9-8 所示。

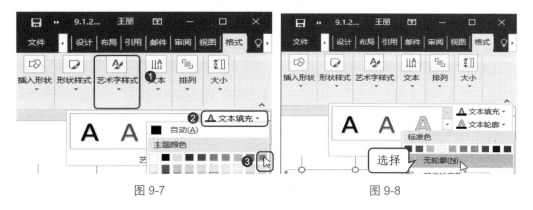

图 9-7　　　　　　　　　图 9-8

Step 03 通过以上步骤即可完成修改艺术字样式的操作，如图 9-9 所示。

图 9-9

9.1.4 设置图片和艺术字的环绕方式

素材文件：配套素材\第9章\素材文件\9.1.4 设置图片和艺术字环绕方式.docx
效果文件：配套素材\第9章\效果文件\9.1.4 设置图片和艺术字环绕方式.docx

插入图片和艺术字以后，用户可以设置图片和艺术字的环绕方式，环绕方式即文档中图片和文字的位置关系。下面详细介绍设置图片和艺术字的环绕方式的方法。

Step 01 单击图片，在图片旁边会自动弹出【布局选项】按钮，单击该按钮，在弹出的【布局选项】列表框中选择一种环绕方式，如【嵌入型】，如图 9-10 所示。

Step 02 通过以上步骤即可完成设置环绕方式的操作，设置艺术字环绕方式的方法与图片相同，这里不再赘述，如图 9-11 所示。

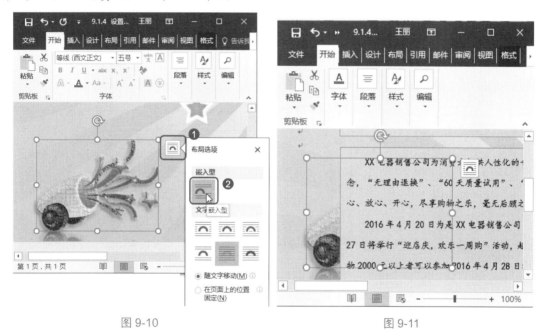

图 9-10　　　　　　　　　　图 9-11

9.2 使用文本框

在 Word 2016 办公软件中，文本框是指一种可以移动、可以调整大小的文字或图形容器。通过使用文本框，用户可以将 Word 文本很方便地放置到文档页面的指定位置，而不必受到段落格式、页面设置等因素的影响。

↑扫码看视频

9.2.1 插入文本框并输入文字

素材文件：无

效果文件：配套素材 \ 第 9 章 \ 效果文件 \ 9.2.1 插入文本框输入文字 .docx

在文档中插入文本框输入文字的方法非常简单，下面详细介绍插入文本框并输入文字的操作方法。

Step 01 选择【插入】选项卡，*1.* 单击【文本】下拉按钮；*2.* 在弹出的下拉列表中单击【文本框】下拉按钮；*3.* 在弹出的下拉列表中选择【简单文本框】命令，如图 9-12 所示。

Step 02 在文档中已经插入了一个文本框，在文本框中输入内容，如图 9-13 所示。

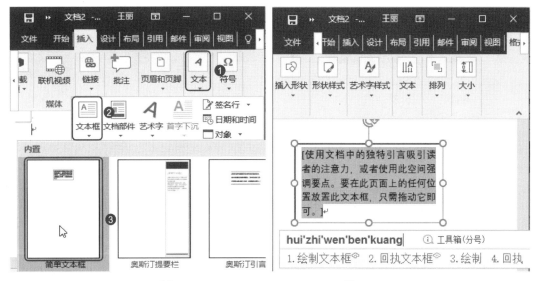

图 9-12　　　　　　　　　　　图 9-13

Step 03 按下 <Enter> 键即可完成插入文本框并输入文字的操作，如图 9-14 所示。

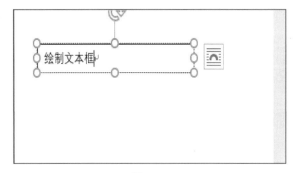

图 9-14

9.2.2 设置文本框大小

选中文本框,在【格式】选项卡中单击【大小】下拉按钮,在弹出的下拉列表中可以设置文本框的大小,如图 9-15 所示。

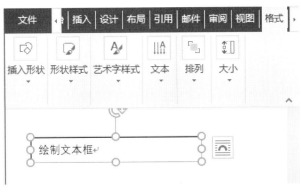

图 9-15

9.2.3 设置文本框样式

素材文件:配套素材\第 9 章\素材文件\9.2.3 设置文本框样式 .docx

效果文件:配套素材\第 9 章\效果文件\9.2.3 设置文本框样式 .docx

设置文本框样式的方法非常简单,下面详细介绍文本框样式的方法。

Step 01 选中该文本框,**1.** 在【格式】选项卡中单击【形状样式】下拉按钮;**2.** 在弹出的下拉列表中单击【形状填充】下拉按钮;**3.** 在弹出的下拉列表中选择一种颜色,如图 9-16 所示。

Step 02 在【形状样式】组中单击【形状轮廓】下拉按钮,在弹出的下拉列表中选择一种颜色,如图 9-17 所示。

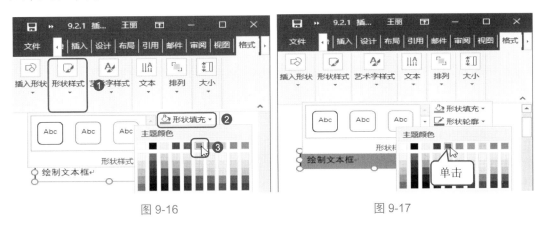

图 9-16　　　　　　　　图 9-17

Step 03 通过以上步骤即可完成设置文本框样式的操作,如图 9-18 所示。

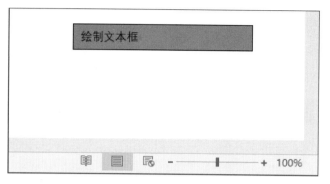

图 9-18

◆ 知识拓展

用户还可以修改文本框的环绕方式，选中文本框，在文本框旁边会自动弹出【布局选项】按钮，单击该按钮，在弹出的列表框中选择一种环绕方式即可完成设置文本框环绕方式的操作。

9.3 应用表格

表格是由多个行或列的单元格组成的，用户可以在编辑文档的过程中向单元格中添加文字或图片，使文档内容变得更加直观和形象，增强文档的可读性。

↑ 扫码看视频

9.3.1 插入表格

素材文件：无

效果文件：配套素材\第 9 章\效果文件\9.3.1 插入表格.docx

在 Word 文档中插入表格的方法很简单，下面介绍在文档中插入表格的操作方法。

Step 01 新建文档，**1.** 在【插入】选项卡中单击【表格】下拉按钮；**2.** 在弹出的表格库中将鼠标指针移至准备创建的 4 行 5 列所在位置，如图 9-19 所示。

Step 02 此时在文档中已经插入了一个 4 行 5 列的表格，如图 9-20 所示。

第 9 章　设计与制作精美的 Word 文档

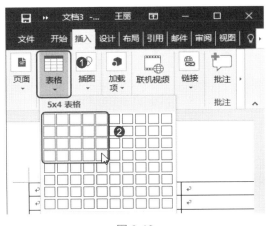

图 9-19

图 9-20

9.3.2　输入文本

素材文件：配套素材 \ 第 9 章 \ 素材文件 \ 9.3.2 输入文本 .docx

效果文件：配套素材 \ 第 9 章 \ 效果文件 \ 9.3.2 输入文本 .docx

插入表格后，就可以在表格中输入内容了，下面详细介绍在表格中输入文本的方法。

Step 01 将"|"标记定位在单元格中，使用输入法输入内容，如图 9-21 所示。

Step 02 按下 <Enter> 键即可完成输入文本的操作，如图 9-22 所示。

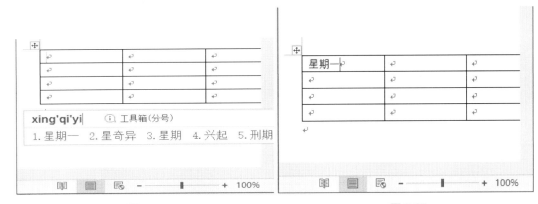

图 9-21　　　　　　　　　　　　　　图 9-22

9.3.3　插入整行与整列单元格

素材文件：配套素材 \ 第 9 章 \ 素材文件 \ 9.3.3 插入整行与整列单元格 .docx

效果文件：配套素材 \ 第 9 章 \ 效果文件 \ 9.3.3 插入整行与整列单元格 .docx

187

如果插入的表格不能满足工作的需要,用户还可以在表格中插入整行或整列单元格。

Step 01 将"|"标记定位在表格中准备插入整行单元格的位置,单击鼠标右键,**1.** 在弹出的快捷菜单中选择【插入】命令;**2.** 在弹出的子菜单中选择【在下方插入行】命令,如图 9-23 所示。

Step 02 可以看到表格中已经多插入了一行单元格,变为 5 行,如图 9-24 所示。

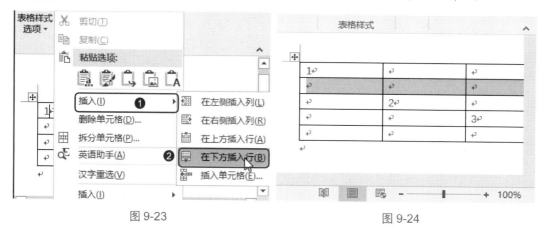

图 9-23　　　　　　　　　　图 9-24

Step 03 将"|"标记定位在表格中准备插入整行单元格的位置,单击鼠标右键,**1.** 在弹出的快捷菜单中选择【插入】命令;**2.** 在弹出的子菜单中选择【在右侧插入列】命令,如图 9-25 所示。

Step 04 可以看到表格中已经多插入了一列单元格,变为 6 列,如图 9-26 所示。

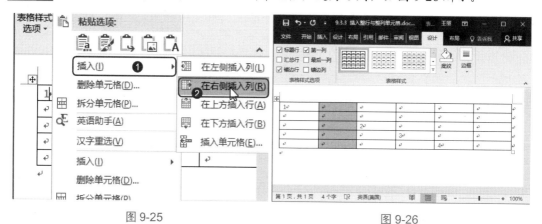

图 9-25　　　　　　　　　　图 9-26

9.3.4 设置表格边框线

素材文件: 配套素材 \ 第 9 章 \ 素材文件 \ 9.3.4 设置表格边框线 .docx

效果文件: 配套素材 \ 第 9 章 \ 效果文件 \ 9.3.4 设置表格边框线 .docx

用户还可以为表格设置边框线，下面详细介绍设置表格边框线的方法。

Step 01 在【设计】选项卡中，**1.** 单击【边框】下拉按钮；**2.** 在弹出的下拉列表中单击【启动器】按钮，如图 9-27 所示。

Step 02 弹出【边框和底纹】对话框，**1.** 在【设置】选项组中选择【全部】命令；**2.** 在【样式】列表框中选择边框样式；**3.** 在【颜色】列表框中选择一种颜色；**4.** 在【宽度】列表框中选择宽度；**5.** 单击【确定】按钮，如图 9-28 所示。

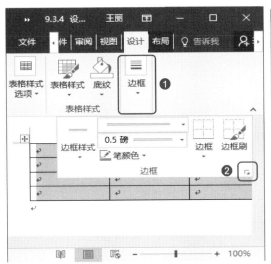

图 9-27

图 9-28

Step 03 通过以上步骤即可完成设置表格边框的操作，如图 9-29 所示。

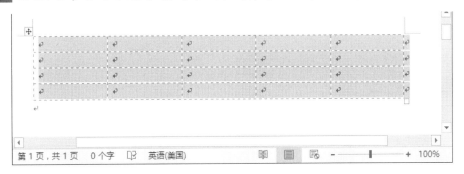

图 9-29

◆ **知识拓展**

用户还可以为表格设置表格样式，选中表格，在【设计】选项卡中的【表格样式】组中单击【表格样式】下拉按钮，在弹出的表格样式库中选择一个表格样式即可完成给表格设置表格样式的操作。

9.4 使用 SmartArt 图形

SmartArt 图形是信息和观点的视觉表示形式，可以通过在多种不同布局中进行选择来创建 SmartArt 图形，从而快速、轻松和有效地传达信息。SmartArt 图形主要用于演示流程、展示层次结构、表明循环或其他关系等。

↑扫码看视频

9.4.1 创建结构图

素材文件： 无

效果文件： 配套素材\第9章\效果文件\9.4.1 创建结构图.docx

在文档中创建结构图的方法很简单，下面介绍在文档中创建结构图的操作方法。

Step 01 在【插入】选项卡中，**1.** 单击【插图】下拉按钮；**2.** 在弹出的下拉列表中单击【SmartArt】按钮，如图 9-30 所示。

Step 02 弹出【选择 SmartArt 图形】对话框，**1.** 在最左侧的列表中选择【层次结构】命令；**2.** 在中间的区域选择【表层次结构】命令；**3.** 单击【确定】按钮，如图 9-31 所示。

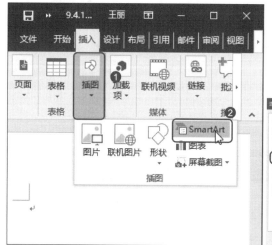

图 9-30

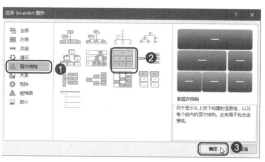

图 9-31

Step 03 通过以上步骤即可在文档中插入 SmartArt 图形，如图 9-32 所示。

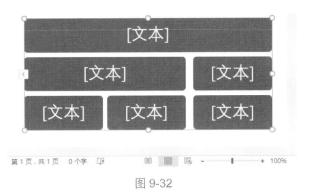

图 9-32

9.4.2 修改结构图项目

素材文件：配套素材 \ 第 9 章 \ 素材文件 \ 9.4.2 修改组织结构图项目 .docx
效果文件：配套素材 \ 第 9 章 \ 效果文件 \ 9.4.2 修改组织结构图项目 .docx

如果插入的结构图不能完全符合用户的需要，用户可以自己进行修改。

Step 01 选中整个图形，**1.** 在【设计】选项卡中单击【更改布局】下拉按钮；**2.** 在弹出的布局库中选择一种布局，如图 9-33 所示。

Step 02 选中第 1 行的图形，**1.** 在【设计】选项卡中单击【创建图形】下拉按钮；**2.** 在弹出的下拉列表中单击【添加形状】下拉按钮；**3.** 在弹出的下拉列表中选择【添加助理】命令，如图 9-34 所示。

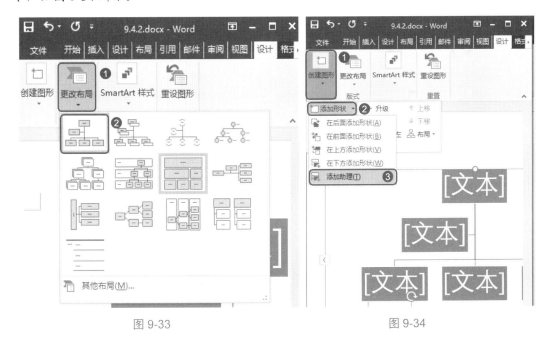

图 9-33　　　　　　　　　　　图 9-34

Step 03 此时在该图形的下面已经添加了一个助理图形，如图 9-35 所示。

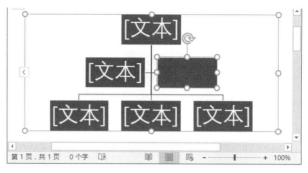

图 9-35

9.4.3 在结构图中输入内容

素材文件： 配套素材\第 9 章\素材文件\9.4.3 在组织结构图中输入内容 .docx

效果文件： 配套素材\第 9 章\效果文件\9.4.3 在组织结构图中输入内容 .docx

制作完结构图的大体框架后，就可以在图形中输入内容了。

Step 01 将"|"标记定位在第 1 行的图形中，使用输入法输入内容，如图 9-36 所示。

Step 02 按下 <Enter> 键即可完成输入内容的操作，使用相同的方法在其他的图形中输入相应的内容，如图 9-37 所示。

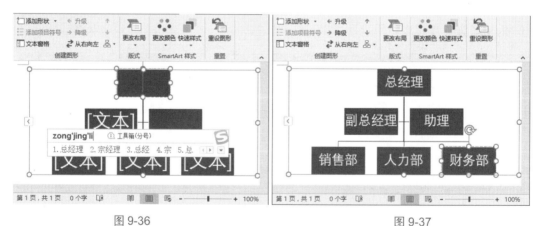

图 9-36　　　　　　　　　　　　　图 9-37

9.4.4 改变结构图的形状

素材文件： 配套素材\第 9 章\素材文件\9.4.4 改变组织结构图的形状 .docx

效果文件： 配套素材\第 9 章\效果文件\9.4.4 改变组织结构图的形状 .docx

用户还可以根据需要改变结构图的形状，下面介绍改变结构图的形状的操作方法。

Step 01 选中图形，*1.* 在【格式】选项卡中单击【形状】下拉按钮；*2.* 在弹出的下拉列表中单击【更改形状】下拉按钮；*3.* 在弹出的形状库中选择一种形状，如图 9-38 所示。

Step 02 使用相同的方法将其他图形的形状更改成其他形状，如图 9-39 所示。

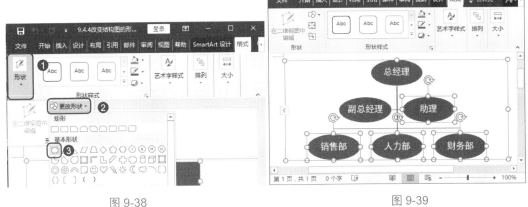

图 9-38　　　　　　　　　　　　　　图 9-39

9.4.5 设置结构图的外观

素材文件：配套素材 \ 第 9 章 \ 素材文件 \ 9.4.5 设置结构图的外观 .docx

效果文件：配套素材 \ 第 9 章 \ 效果文件 \ 9.4.5 设置结构图的外观 .docx

为了增强美观程度，用户还可以对结构图的格式进行设置，下面介绍设置结构图的外观的操作方法。

Step 01 选中图形，*1.* 在【设计】选项卡中单击【SmartArt 样式】下拉按钮；*2.* 在弹出的下拉列表中单击【更改颜色】下拉按钮；*3.* 在弹出的下拉列表中选择一种颜色，如图 9-40 所示。

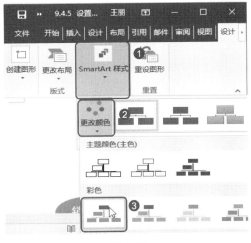

图 9-40

Step 02 再次单击【SmartArt 样式】下拉按钮，**1.** 在弹出的下拉列表中单击【SmartArt 样式】下拉按钮；**2.** 在弹出的样式库中选择一种样式，如图 9-41 所示。

Step 03 通过以上步骤即可完成设置结构图外观的操作，如图 9-42 所示。

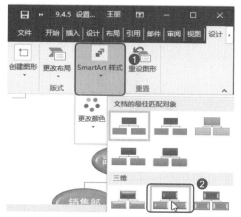
图 9-41

图 9-42

◆ **知识拓展**

如果用户不喜欢当前的结构图，可以对图形进行重置。选中 SmartArt 图形，在【设计】选项卡中单击【重置】组中的【重置图形】按钮，即可将图形还原到最开始的样式。

9.5 设计页眉和页脚

在页眉和页脚中可以输入创建文档的基本信息，例如在页眉中输入文档名称、章节标题或作者等信息，在页脚中输入文档的创建时间、页码等，不仅能够使文档更美观，还能向读者快速传递文档要表达的信息。

↑ 扫码看视频

9.5.1 插入页眉和页脚

素材文件：配套素材\第 9 章\素材文件\9.5.1 插入页眉和页脚.docx

效果文件：配套素材\第 9 章\效果文件\9.5.1 插入页眉和页脚.docx

第 9 章 设计与制作精美的 Word 文档

在 Word 文档中插入页眉和页脚的方法很简单,下面介绍在文档中插入页眉和页脚的操作方法。

Step 01 打开文档,**1.** 选择【插入】选项卡;**2.** 单击【页眉和页脚】下拉按钮;**3.** 在弹出的下拉列表中单击【页眉】下拉按钮;**4.** 在弹出的下拉列表中选择【边线型】命令,如图 9-43 所示。

Step 02 文档的每一页顶部都插入了页眉,并显示【文档标题】文本域,输入内容,如图 9-44 所示。

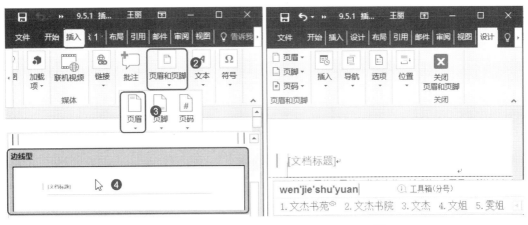

图 9-43　　　　　　　　　　　　图 9-44

Step 03 按下候选词所在序号 2,完成输入,如图 9-45 所示。

Step 04 在【设计】选项卡中,**1.** 单击【页脚】下拉按钮;**2.** 在弹出的下拉列表中选择【奥斯汀】命令,如图 9-46 所示。

图 9-45　　　　　　　　　　　　图 9-46

Step 05 文档自动跳转到页脚编辑状态,输入页脚内容,如当前日期,然后单击【关闭页眉和页脚】按钮即可完成插入页眉和页脚的操作，如图 9-47 所示。

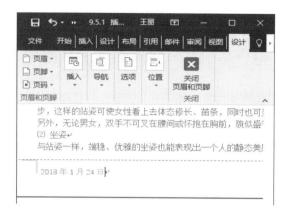

图 9-47

9.5.2 添加页码

素材文件：配套素材\第 9 章\素材文件\9.5.2 添加页码.docx

效果文件：配套素材\第 9 章\效果文件\9.5.2 添加页码.docx

插入完页眉和页脚后，用户还可以为文档添加页码，下面介绍为文档添加页码的操作方法。

Step 01 打开文档，**1.** 选择【插入】选项卡；**2.** 单击【页眉和页脚】下拉按钮；**3.** 在弹出的下拉列表中单击【页码】下拉按钮；**4.** 在弹出的下拉列表中选择【页面底端】命令；**5.** 在弹出的选项中选择【普通数字 1】，如图 9-48 所示。

Step 02 可以看到文档的页脚部分已经插入了阿拉伯数字"1"，单击【关闭页眉和页脚】按钮即可完成添加页码的操作，如图 9-49 所示。

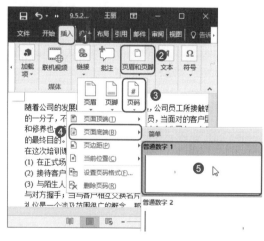

图 9-48

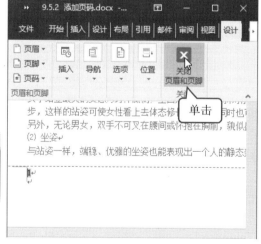

图 9-49

9.6 实践操作与应用

通过本章的学习，读者基本可以掌握设计与制作精美的 Word 文档的基本知识以及一些常见的操作方法，下面通过练习操作，以达到巩固学习、拓展提高的目的。

9.6.1 设置图片随文字移动

素材文件：配套素材 \ 第 9 章 \ 素材文件 \ 9.6.1 设置图片随文字移动 .docx

效果文件：配套素材 \ 第 9 章 \ 效果文件 \ 9.6.1 设置图片随文字移动 .docx

在修改已排好版的文档时，有时会发生图片格式变乱的情况，我们可以按照以下方法让图片跟着文字走。

Step 01 选中文档中的图片，*1.* 在【格式】选项卡中单击【排列】下拉按钮；*2.* 在弹出的下拉列表中单击【位置】下拉按钮；*3.* 在弹出的下拉列表中选择【其他布局选项】命令，如图 9-50 所示。

Step 02 弹出【布局】对话框，*1.* 在【位置】选项卡中勾选【对象随文字移动】复选框；*2.* 单击【确定】按钮即可完成将图片设置为随文字移动的操作，如图 9-51 所示。

图 9-50   图 9-51

9.6.2 裁剪图片形状

素材文件：配套素材 \ 第 9 章 \ 素材文件 \ 9.6.2 裁剪图片形状 .docx

效果文件：配套素材 \ 第 9 章 \ 效果文件 \ 9.6.2 裁剪图片形状 .docx

用户还可以将插入的图片裁剪成不同的形状,下面详细介绍裁剪图片形状的方法。

Step 01 选中文档中的图片,**1.** 在【格式】选项卡中单击【大小】下拉按钮;**2.** 在弹出的下拉列表中单击【裁剪】下拉按钮;**3.** 在弹出的下拉列表中选择【裁剪为形状】命令;**4.** 在弹出的形状库中选择一个形状,如图9-52所示。

Step 02 可以看到图片已经被裁剪为心形,如图9-53所示。

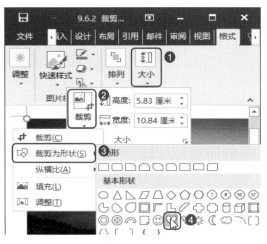

图 9-52

图 9-53

9.6.3 分栏排版

素材文件:配套素材 \ 第 9 章 \ 素材文件 \ 9.6.3 分栏排版 .docx

效果文件:配套素材 \ 第 9 章 \ 效果文件 \ 9.6.3 分栏排版 .docx

用户还可以将文档内容进行分栏排版,下面介绍分栏排版的方法。

Step 01 将"I"标记定位在准备进行分栏的页面中,**1.** 选择【布局】选项卡;**2.** 单击【分栏】下拉按钮;**3.** 在弹出的下拉列表中选择【三栏】命令,如图9-54所示。

Step 02 可以看到文档已经变为三栏显示,如图9-55所示。

图 9-54

图 9-55

使用 Excel 2016 电子表格

本章要点

- 认识工作簿、工作表和单元格
- 工作簿的基本操作
- 工作表的基本操作
- 输入数据
- 修改表格格式

本章主要内容

本章主要介绍了什么是工作簿、工作表和单元格、工作簿的基本操作、工作表的基本操作和输入数据方面的知识与技巧，同时还讲解了如何修改表格格式，在本章的最后还针对实际的工作需求，讲解了设置单元格文本换行、输入货币符号的方法。通过本章的学习，读者可以掌握使用 Excel 2016 基础操作方面的知识，为深入学习 Windows 10 和 Office 2016 知识奠定基础。

10.1 认识工作簿、工作表和单元格

↑扫码看视频

Excel 2016 是 Office 2016 的一个重要的组成部分，主要用于完成日常表格制作和数据计算等操作。使用 Excel 2016 前首先要初步了解 Excel 2016 的基本知识，本节将予以详细介绍。

10.1.1 认识 Excel 2016 的工作界面

启动 Excel 2016 后即可进入 Excel 2016 的工作界面。Excel 2016 工作界面主要由标题栏、【快速访问】工具栏、功能区、编辑栏、工作表编辑区、滚动条和状态栏等部分组成，如图 10-1 所示。

图 10-1

1. 标题栏

标题栏位于 Excel 2016 工作界面的最上方，用于显示文档和程序名称。在标题栏的最右侧，显示【最小化】按钮、【最大化】按钮和【关闭】按钮，如图 10-2 所示。

图 10-2

2. 【快速访问】工具栏

【快速访问】工具栏位于 Excel 2016 工作界面的左上方，用于快速执行一些特定操作。在 Excel 2016 的使用过程中，可以根据使用需要，添加或删除【快速访问】工具栏中的选项，如图 10-3 所示。

图 10-3

3. 功能区

功能区位于标题栏的下方，默认情况下由【文件】【开始】【插入】【页面布局】【公式】【数据】【审阅】和【视图】8 个选项卡组成。为了使用方便，将功能相似的命令分类为选项卡下的不同选项组中，如图 10-4 所示。

图 10-4

4. Backstage 视图

在功能区选择【文件】选项卡，可以打开 Backstage 视图，在该视图中可以管理文档和有关文档的相关数据，如新建、打开和保存文档等，如图 10-5 所示。

图 10-5

5. 编辑栏

编辑栏位于功能区的下方，用于显示和编辑当前单元格中的数据和公式。编辑栏主要由名称框、按钮组和编辑框组成，如图 10-6 所示。

图 10-6

6. 工作表编辑区

工作表编辑区位于编辑栏的下方，是 Excel 2016 中的主要工作区域，用于进行电子表格的创建和编辑等操作，如图 10-7 所示。

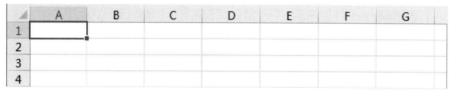

图 10-7

7. 状态栏

状态栏位于 Excel 2016 工作界面的最下方，用于查看页面信息、切换视图模式和调节显示比例等操作，如图 10-8 所示。

图 10-8

10.1.2 工作簿和工作表之间的关系

工作簿中的每一张表格都被称为工作表，工作表的集合即为一个工作簿。而单元格是工作表中的表格单位，用户通过在工作表中编辑单元格来分析处理数据。工作簿、工作表与单元格的关系是相互依存的关系，一个工作簿中可以有多个工作表，而一张工作表中又含有多个单元格，三者为 Excel 2016 中基本的三个元素。

10.1.3 Excel 2016 文档格式

Excel 2016 的文档格式与以前版本不同，它以 ".xls" 格式保存，其新的文件扩展名是在以前文件扩展名后添加 "x" 或 "m"，"x" 表示不含宏的 ".xls" 文件，"m" 表示含有宏的".xls"文件，如表 10-1 所示。

表 10-1 Excel 2016 中的文件类型与其对应的扩展名

文件类型	扩展名
Excel 2016 工作簿	.xlsx
Excel 2016 启用宏的工作簿	.xlsm
Excel 2016 模板	.xltx
Excel 2016 启用宏的模板	.xltxm

◆ 知识拓展

用户可以通过"告诉我你想做什么"功能快速检索功能按钮，可以在输入框中输入任何关键字，"告诉我你想做什么"都能提供相应的操作选项。比如，输入"表格"，下拉列表中会出现添加表、表格属性、表格样式等可操作命令，当然最后也还会提供查看"表格"的帮助。

10.2 工作簿的基本操作

由于操作与处理数据都是在工作簿和工作表中进行的，因此有必要先了解工作簿和工作表的常用操作，包括新建与保存工作簿、打开与关闭工作簿。

↑扫码看视频

10.2.1 新建与保存工作簿

素材文件：无

效果文件：配套素材\第 10 章\效果文件\10.2.1 新建与保存工作簿 .xlsx

新建与保存工作簿的方法非常简单，下面详细介绍新建与保存工作簿的操作方法。

Step 01 在桌面中，1. 单击【开始】按钮；2. 在【所有程序】列表中单击【Excel 2016】程序，如图 10-9 所示。

Step 02 进入 Excel 2016 创建界面，在提供的模板中单击【空白工作簿】模板，如图 10-10 所示。

图 10-9

图 10-10

Step 03 此时已经新建了一个名为工作簿 1 的工作簿，选择【文件】选项卡，如图 10-11 所示。

Step 04 进入 Backstage 视图，*1.* 选择【保存】命令；*2.* 选择【浏览】命令，如图 10-12 所示。

图 10-11

图 10-12

Step 05 弹出【另存为】对话框，*1.* 选择存储位置；*2.* 在【文件名】文本框中输入名称；*3.* 单击【保存】按钮，如图 10-13 所示。

Step 06 通过以上步骤即可完成新建与保存工作簿的操作，如图 10-14 所示。

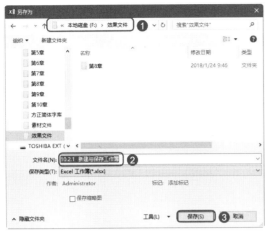
图 10-13

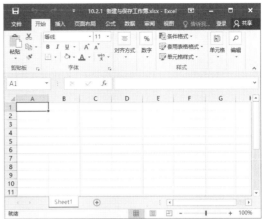
图 10-14

◆ 锦囊妙计

 除了使用上面的方法保存工作簿之外，用户还可以按下组合键 <Ctrl>+<S> 进入 Backstage 视图，对工作簿进行保存操作。

10.2.2 打开与关闭工作簿

如果准备使用 Excel 2016 查看或编辑电脑中保存的工作簿内容，可以打开工作簿，查看结束后可以将其关闭，下面介绍打开与关闭工作簿的方法。

Step 01 在打开的工作簿中选择【文件】选项卡，如图 10-15 所示。

Step 02 进入 Backstage 视图，**1.** 选择【打开】命令；**2.** 选择【浏览】命令，如图 10-16 所示。

图 10-15　　　　　　　　　　　　　图 10-16

Step 03 弹出【打开】对话框，选中准备打开的文件，单击【打开】按钮，如图 10-17 所示。

Step 04 通过以上步骤即可打开工作簿，如图 10-18 所示。

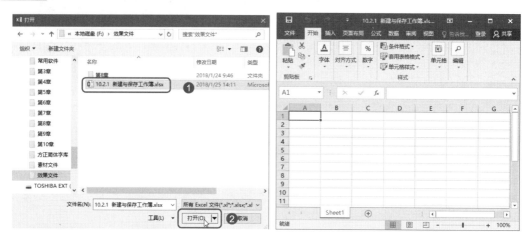

图 10-17　　　　　　　　　图 10-18

Step 05 如果要关闭工作簿，选择【文件】选项卡，如图 10-19 所示。
Step 06 进入 Backstage 视图，选择【关闭】命令即可关闭工作簿，如图 10-20 所示。

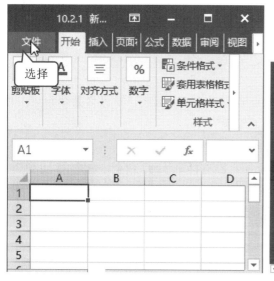

图 10-19　　　　　　　　　图 10-20

◆ **知识拓展**

除了使用上面的方法打开工作簿之外，用户还可以按下组合键 <Ctrl>+<O>，也可以弹出【打开】对话框，用户可以选择准备打开的工作簿，单击【打开】按钮即可打开工作簿。

10.3 工作表的基本操作

↑扫码看视频

工作表是工作簿里的一个表。Excel 2016 的一个工作簿默认有一个工作表，用户可以根据需要添加工作表，本节将详细介绍工作表的基本操作。

10.3.1 重命名工作表

素材文件：配套素材\第 10 章\素材文件\10.3.1 命名工作表.xlsx

效果文件：配套素材\第 10 章\效果文件\10.3.1 命名工作表.xlsx

工作表默认名称为 Sheet1，用户可以根据需要修改工作表的名称，下面介绍重命名工作表的操作方法。

Step 01 用鼠标右键单击工作表的名称，在弹出的快捷菜单中选择【重命名】命令，如图 10-21 所示。

Step 02 当前表格名称处于可编辑状态，使用输入法输入新的名称，如图 10-22 所示。

图 10-21

图 10-22

Step 03 按下 <Space> 键输入名称，再按下 <Enter> 键即可完成重命名工作表的操作，如

图 10-23 所示。

图 10-23

10.3.2 在工作簿中添加新工作表

 素材文件： 配套素材\第 10 章\素材文件\10.3.2 在工作簿中添加新工作表.xlsx
效果文件： 配套素材\第 10 章\效果文件\10.3.2 在工作簿中添加新工作表.xlsx

Excel 2016 的一个工作簿默认有一个工作表，用户可以根据需要添加新工作表。

Step 01 在工作簿中单击【新工作表】按钮 ⊕ ，如图 10-24 所示。

Step 02 此时工作簿中已经添加了一个名为 "Sheet1" 的工作表，用鼠标右键单击该表名称，在弹出的快捷菜单中选择【重命名】命令，如图 10-25 所示。

图 10-24

图 10-25

Step 01 当前表格名称处于可编辑状态，使用输入法输入新的名称，如图 10-26 所示。

Step 04 按下 <Space> 键输入名称，然后按下 <Enter> 键即可完成在工作簿中添加新工作表的操作，如图 10-27 所示。

图 10-26　　　　　　　　　图 10-27

10.3.3 选择和切换工作表

当一个工作簿中有多张工作表时，选择与切换工作表的操作是必不可少的。用鼠标单击准备切换到的工作表名称，被选择的工作表名称变为绿色表示已切换到该表中，如图 10-28 和图 10-29 所示。

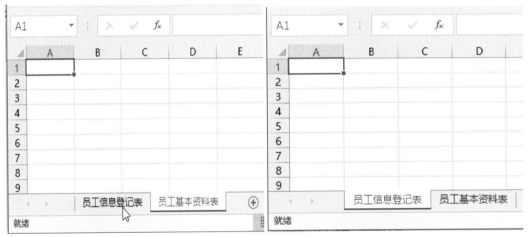

图 10-28　　　　　　　　　图 10-29

10.3.4 移动与复制工作表

移动工作表是在不改变工作表数量的情况下，对工作表的位置进行调整，而复制工作表则是在原工作表数量的基础上，再创建一个与原工作表有同样内容的工作表，下面介绍移动与复制工作表的方法。

Step 01 用鼠标右键单击准备复制的工作表名称，在弹出的快捷菜单中选择【移动或复制】命令，如图 10-30 所示。

Step 02 弹出【移动或复制工作表】对话框，**1.** 勾选【建立副本】复选框；**2.** 单击【确定】

按钮，如图 10-31 所示。

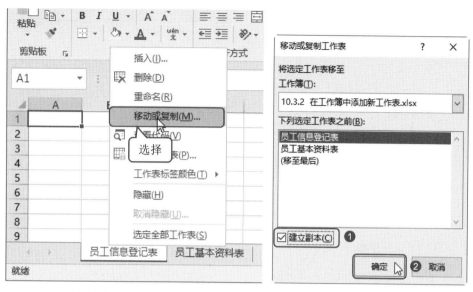

图 10-30　　　　　　　　　　图 10-31

Step 03 此时工作簿中已经添加了一张名为员工信息登记表（2）的工作表，通过以上步骤即可完成复制工作表的操作，如图 10-32 所示。

Step 04 用鼠标右键单击准备移动的工作表名称，在弹出的快捷菜单中选择【移动或复制】命令，如图 10-33 所示。

图 10-32　　　　　　　　　　图 10-33

Step 05 弹出【移动或复制工作表】对话框，**1.** 在【工作簿】列表框中选择【（新工作簿）】命令；**2.** 单击【确定】按钮，如图 10-34 所示。

Step 06 此时 Excel 2016 自动新建了一个名为工作簿 2 的新工作簿，可以看到该工作簿中已含有一个名为员工基本资料表的工作表，通过以上步骤即可完成移动工作表的操作，如图 10-35 所示。

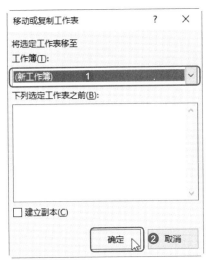
图 10-34

图 10-35

10.3.5 删除多余的工作表

在工作簿中，用户可以删除不再使用的工作表，以节省内存，下面介绍删除工作表的操作方法。

Step 01 用鼠标右键单击准备删除的工作表名称，如 Sheet1，在弹出的快捷菜单中选择【删除】命令，如图 10-36 所示。

Step 02 此时可以看到 Sheet1 工作表已经被删除，通过以上步骤即可完成删除多余的工作表的操作，如图 10-37 所示。

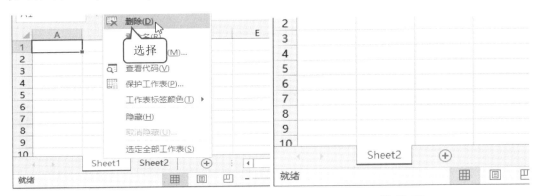

图 10-36　　　　　　　　　　　图 10-37

◆ **知识拓展**

用户还可以设置工作表标签的颜色，用鼠标右键单击工作表的名称，在弹出的快捷菜单中选择【工作表标签颜色】命令，在弹出的子菜单中选择一种颜色，即可完成更改工作表标签颜色的操作。

10.4 输入数据

↑扫码看视频

数据是表格中不可缺少的元素,对于单元格中输入的数据,Excel 会自动地根据数据的特征进行处理并显示出来。本节将介绍有关数据输入方面的知识。

10.4.1 选择单元格与输入文本

 素材文件:配套素材\第 10 章\素材文件\10.4.1 选择单元格与输入数据.xlsx
效果文件:配套素材\第 10 章\效果文件\10.4.1 选择单元格与输入数据.xlsx

在单元格中输入最多的内容就是文本信息,如输入工作表的标题、图表中的内容等,下面介绍选择单元格并输入文本的方法。

Step 01 打开工作簿,单击准备输入文本的单元格,使用输入法输入文本内容,如图 10-38 所示。

Step 02 使用相同方法在其他单元格输入内容,通过以上步骤即可完成选择单元格与输入文本的操作,如图 10-39 所示。

图 10-38　　　　　　　　　　图 10-39

10.4.2 输入以 0 开头的员工编号

素材文件： 配套素材\第 10 章\素材文件\10.4.2 输入以 0 开头的员工编号 .xlsx

效果文件： 配套素材\第 10 章\效果文件\10.4.2 输入以 0 开头的员工编号 .xlsx

在单元格中输入以 0 开头的序号时，Excel 会自作主张把前面的 0 删除，只显示后面的数字，下面详细介绍解决这种问题的方法。

Step 01 选中单元格，**1.** 在【开始】选项卡中单击【数字】下拉按钮；**2.** 在弹出的下拉列表中选择【文本】命令，如图 10-40 所示。

Step 02 在单元格中输入 01，按下 <Enter> 键，可以看到单元格中显示 01，如图 10-41 所示。

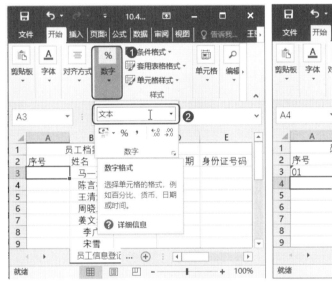

图 10-40

图 10-41

10.4.3 设置员工入职日期格式

素材文件： 配套素材\第 10 章\素材文件\10.4.3 设置员工入职日期格式 .xlsx

效果文件： 配套素材\第 10 章\效果文件\10.4.3 设置员工入职日期格式 .xlsx

把工作表中的单元格设置为日期格式后，输入数字即可显示为日期，下面详细介绍设置单元格日期格式的操作方法。

Step 01 选中单元格，**1.** 在【开始】选项卡中单击【数字】下拉按钮；**2.** 在弹出的下拉列表中单击【启动器】按钮，如图 10-42 所示。

Step 02 弹出【设置单元格格式】对话框，**1.** 在【数字】选项卡中的【分类】列表框中选择【日期】命令；**2.** 在【类型】列表框中选择准备使用的日期样式类型；**3.** 单击【确定】按钮，如图 10-43 所示。

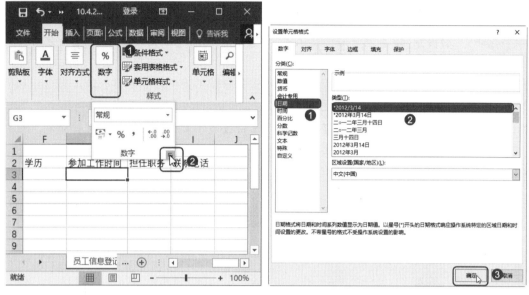

图 10-42　　　　　　　　　　图 10-43

Step 03 在单元格中输入日期后按下 <Enter> 键，即可完成设置入职日期格式的操作，如图 10-44 所示。

图 10-44

10.4.4　快速填充数据

用户可以使用"填充柄"进行数据的快速填充，下面详细介绍快速填充数据的方法。

素材文件：配套素材 \ 第 10 章 \ 素材文件 \ 10.4.4 快速填充数据 .xlsx
效果文件：配套素材 \ 第 10 章 \ 效果文件 \ 10.4.4 快速填充数据 .xlsx

Step 01 选择准备输入数据的单元格，将鼠标指针移动至单元格区域右下角，此时鼠标指

针变为"十"形状，单击并向下拖动鼠标指针至合适位置，释放鼠标，如图10-45所示。

Step 02 可以看到单元格中已经填充了相应的序号，通过以上步骤即可完成快速填充数据的操作，如图10-46所示。

图 10-45　　　　　　　　　　图 10-46

◆ **知识拓展**

在【开始】选项卡中单击【数字】下拉按钮，在弹出的下拉列表中单击【启动器】按钮，弹出【设置单元格格式】对话框，在【数字】选项卡中选择【时间】命令，在【类型】列表框中选择准备使用的时间样式类型，单击【确定】按钮即可在该单元格中输入时间。

10.5 修改表格格式

表格内容基本建立完成后，为了使其外观达到美观、清晰的效果，需要用户对表格格式进行修改。修改表格格式包括选择单元格或单元格区域、添加和设置表格边框、合并与拆分单元格等内容。

↑扫码看视频

10.5.1 选择单元格或单元格区域

在表格中选择单元格或单元格区域的方法非常简单，本节将予以详细介绍。

Step 01 单击一个单元格即可选择该单元格，如图10-47所示。

Step 02 单击鼠标左键并将其拖动至适当位置后释放，即可选择连续的单元格区域，如图 10-48 所示。

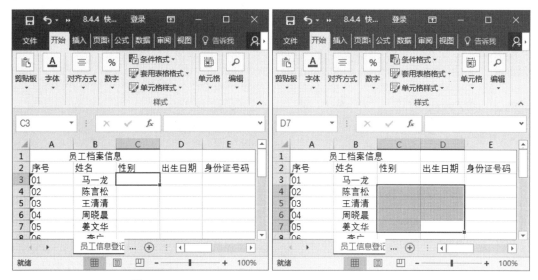

图 10-47　　　　　　　　　　　图 10-48

Step 03 先选择一个单元格，然后按住 <Ctrl> 键再单击其他单元格，即可选择不连续的单元格区域，如图 10-49 所示。

图 10-49

10.5.2　添加和设置表格边框

素材文件：配套素材\第 10 章\素材文件\10.5.2 添加和设置表格边框 .xlsx

效果文件：配套素材\第 10 章\效果文件\10.5.2 添加和设置表格边框 .xlsx

在 Excel 2016 中用户可以为表格设置边框，为表格设置边框的方法很简单，下面介绍设置表格边框的操作方法。

Step 01 选中整个表格，**1.** 在【开始】选项卡中单击【单元格】下拉按钮；**2.** 在弹出的下拉列表中单击【格式】下拉按钮；**3.** 在弹出的下拉列表中选择【设置单元格格式】命令，如图 10-50 所示。

Step 02 弹出【设置单元格格式】对话框，**1.** 在【边框】选项卡中的【样式】列表框中选择边框样式；**2.** 在【边框】选项组中选择边框位置；**3.** 在【颜色】列表框中选择一种颜色；**4.** 单击【确定】按钮，如图 10-51 所示。

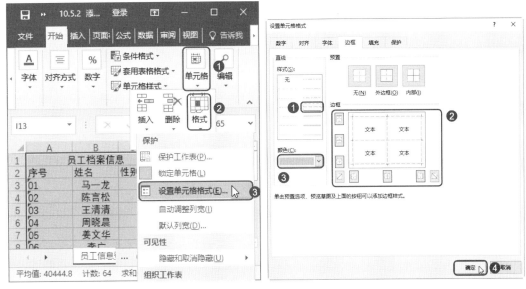

图 10-50　　　　　　　　　　　图 10-51

Step 03 通过上述操作即可完成添加和设置表格边框的操作，如图 10-52 所示。

图 10-52

10.5.3　合并与拆分单元格

素材文件：配套素材 \ 第 10 章 \ 素材文件 \ 10.5.3 合并与拆分单元格 .xlsx

效果文件：配套素材 \ 第 10 章 \ 效果文件 \ 10.5.3 合并与拆分单元格 .xlsx

在 Excel 2016 中，用户可以通过合并单元格操作将两个或多个单元格组合在一起，也可以将合并后的单元格进行拆分，下面介绍合并与拆分单元格的方法。

Step 01 选中准备合并的单元格，**1.** 在【开始】选项卡中单击【对齐方式】下拉按钮；**2.** 在弹出的下拉列表中单击【合并后居中】按钮，如图 10-53 所示。

Step 02 通过上述操作即可完成合并单元格的操作，如图 10-54 所示。

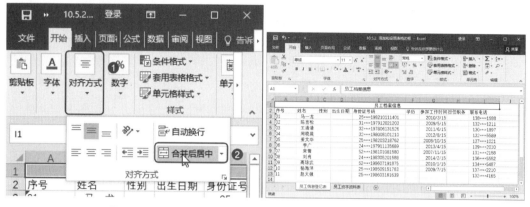

图 10-53　　　　　　　　　　　图 10-54

Step 03 选中准备拆分的单元格，**1.** 在【开始】选项卡中单击【对齐方式】下拉按钮；**2.** 在弹出的下拉列表中单击【合并后居中】下拉按钮；**3.** 在弹出的下拉列表中选择【取消单元格合并】命令，如图 10-55 所示。

Step 04 通过上述操作即可完成拆分合并的单元格的操作，如图 10-56 所示。

图 10-55　　　　　　　　　　　图 10-56

10.5.4　设置行高与列宽

素材文件：配套素材 \ 第 10 章 \ 素材文件 \ 10.5.4 设置行高与列宽 .xlsx

效果文件：配套素材 \ 第 10 章 \ 效果文件 \ 10.5.4 设置行高与列宽 .xlsx

在单元格中输入数据时，会出现数据和单元格的尺寸不符合的情况，用户可以对单元格的行高和列宽进行设置，下面介绍设置行高和列宽的操作方法。

Step 01 选中单元格，**1.** 在【开始】选项卡中单击【单元格】下拉按钮；**2.** 在弹出的下拉列表中单击【格式】下拉按钮；**3.** 在弹出的下拉列表中选择【行高】命令，如图 10-57 所示。

Step 02 弹出【行高】对话框，**1.** 在【行高】文本框中输入数值；**2.** 单击【确定】按钮，如图 10-58 所示。

图 10-57　　　　　　　　　图 10-58

Step 03 选中单元格，**1.** 在【开始】选项卡中单击【单元格】下拉按钮；**2.** 在弹出的下拉列表中单击【格式】下拉按钮；**3.** 在弹出的下拉列表中选择【列宽】命令，如图 10-59 所示。

Step 04 弹出【列宽】对话框，在【列宽】文本框中输入数值，单击【确定】按钮，如图 10-60 所示。

图 10-59　　　　　　　　　图 10-60

Step 05 通过以上步骤即可完成设置行高与列宽的操作，如图 10-61 所示。

图 10-61

10.5.5 插入或删除行与列

用户可以根据需要插入或删除行与列，下面介绍插入或删除行与列的方法。

Step 01 选中准备插入整行单元格的位置，**1.** 在【开始】选项卡中单击【单元格】下拉按钮；**2.** 在弹出的下拉列表中单击【插入】下拉按钮；**3.** 在弹出的下拉列表中选择【插入工作表行】命令，如图 10-62 所示。

Step 02 可以看到在选中单元格的上方插入了一行空白单元格，通过以上步骤即可完成插入行的操作，如图 10-63 所示。

图 10-62

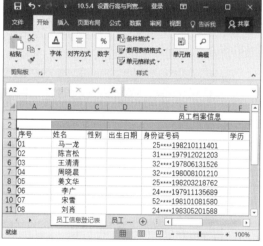

图 10-63

Step 03 选中准备插入整行单元格的位置，**1.** 在【开始】选项卡中单击【单元格】下拉按钮；**2.** 在弹出的下拉列表中单击【删除】下拉按钮；**3.** 在弹出的下拉列表中选择【删除工作表行】命令，如图 10-64 所示。

Step 04 可以看到刚刚插入的一行空白单元格已经被删除，通过以上步骤即可完成删除行的操作，如图 10-65 所示。

图 10-64　　　　　　　　　　图 10-65

Step 05 选中准备插入整列单元格的位置，**1.** 在【开始】选项卡中单击【单元格】下拉按钮；**2.** 在弹出的下拉列表中单击【插入】下拉按钮；**3.** 在弹出的下拉列表中选择【插入工作表列】命令，如图 10-66 所示。

Step 06 可以看到在选中单元格的左侧插入了一列空白单元格，通过以上步骤即可完成插入列的操作，如图 10-67 所示。

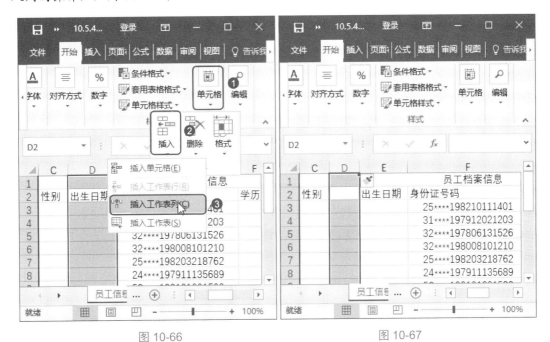

图 10-66　　　　　　　　　　图 10-67

Step 07 选中准备插入整行单元格的位置，**1.** 在【开始】选项卡中单击【单元格】下拉按钮；**2.** 在弹出的下拉列表中单击【删除】下拉按钮；**3.** 在弹出的下拉列表中选择【删除工作表列】命令，如图 10-68 所示。

Step 08 可以看到刚刚插入的一列空白单元格已经被删除，通过以上步骤即可完成删除列的操作，如图 10-69 所示。

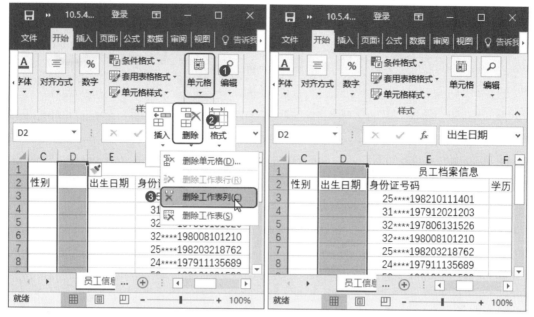

图 10-68　　　　　　　　　图 10-69

◆ 知识拓展

用户除了可以使用功能区设置行高和列宽之外，还可以手动调整行高与列宽，将鼠标指针移至行或列的端点，鼠标指针变为左右或上下方向的箭头，单击并拖动鼠标即可扩大或缩小行高和列宽。

10.6　实践操作与应用

通过本章的学习，读者基本可以掌握 Excel 2016 的基本知识以及一些常见的操作方法，下面通过练习操作，以达到巩固学习、拓展提高的目的。

10.6.1　设置单元格文本换行

素材文件：配套素材\第 10 章\素材文件\10.6.1 设置单元格文本换行.xlsx

效果文件：配套素材\第 10 章\效果文件\10.6.1 设置单元格文本换行.xlsx

如果单元格中的内容太多，一行放不下，用户可以为单元格设置自动换行。

Step 01 选中单元格，*1.* 在【开始】选项卡中单击【对齐方式】下拉按钮；*2.* 在弹出的下拉列表中单击【自动换行】按钮，如图 10-70 所示。

Step 02 可以看到单元格中的文本已经呈两行显示,通过以上步骤即可完成给单元格文本设置换行的操作,如图 10-71 所示。

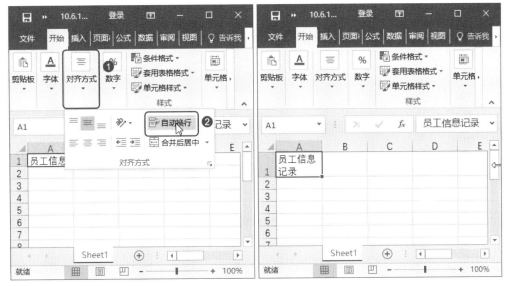

图 10-70　　　　　　　　　　　　图 10-71

10.6.2 输入货币符号

素材文件:无

效果文件:配套素材 \ 第 10 章 \ 效果文件 \ 10.6.2 输入货币符号 .xlsx

如果用户想要在单元格中输入货币符号,可以按照如下方法进行设置。

Step 01 打开 Excel 2016 程序,选中单元格,**1.** 在【开始】选项卡中单击【数字】下拉按钮;**2.** 在弹出的下拉列表中单击【启动器】按钮,如图 10-72 所示。

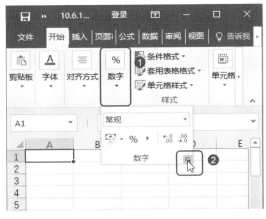

图 10-72

Step 02 弹出【设置单元格格式】对话框，**1.** 在【数字】选项卡中的【分类】列表框中选择【货币】命令；**2.** 在【货币符号（国家/地区）】列表框中选择准备使用的货币样式；**3.** 在【负数】列表框中选择一种类型；**4.** 单击【确定】按钮，如图 10-73 所示。

Step 03 在单元格中输入数字，按下 <Enter> 键，即可显示货币符号，如图 10-74 所示。

图 10-73

图 10-74

◆ **知识拓展**

在【设置单元格格式】对话框中的【数字】选项卡中，用户可以选择在单元格中输入的特殊数字格式，包括数值、货币、会计专用、日期、时间、百分比、分数、科学技术、文本、特殊、自定义等可供用户选择。

第11章

使用 Excel 2016 计算与分析数据

本章要点

- 引用单元格
- 使用公式计算数据
- 使用函数计算数据
- 数据排序和筛选
- 分类汇总
- 设计与制作图表

本章主要内容

　　本章主要介绍了引用单元格、使用公式计算数据和使用函数计算数据、数据排序和筛选、分类汇总的知识与技巧，同时还讲解了如何设计与制作图表，在本章的最后还针对实际的工作需求，讲解了计算员工加班费、制作员工工资表的方法。通过本章的学习，读者可以掌握 Excel 2016 基础操作方面的知识，为深入学习 Windows 10 和 Office 2016 知识奠定基础。

11.1 引用单元格

只要在 Excel 工作表中使用公式，就离不开单元格的引用。引用单元格的作用是标识工作表的单元格或单元格区域，并指明公式中使用的数据位置。通过引用，可以在公式中使用工作表不同部分的数据，或者在多个公式中使用同一单元格的数值，还可以引用相同工作簿中不同工作表的单元格。

↑ 扫码看视频

11.1.1 单元格引用样式

单元格的引用是指用单元格所在的列标和行号表示其在工作表中的位置。单元格的引用包括绝对引用、相对引用和混合引用 3 种。

11.1.2 相对引用、绝对引用

单元格的相对引用是基于包含公式和引用的单元格的相对位置而言的。如果公式所在单元格的位置改变，引用也将随之改变。如果多行或多列地复制公式，引用会自动调整。在默认情况下，新公式使用相对引用。

单元格中的绝对引用则总是在制定位置引用单元格（例如 A1）。如果公式所在单元格的位置改变，绝对引用的单元格也始终保持不变。如果多行或多列地复制公式，绝对引用将不作调整。

11.1.3 混合引用

混合引用包括绝对列和相对行（例如 $A1），或者绝对行和相对列（例如 A$1）两种形式。如果公式所在单元格的位置改变，则相对引用改变，而绝对引用不变。如果多行或多列地复制公式，相对引用自动调整，而绝对引用不作调整。

◆ 锦囊妙计

如果要引用同一工作表中的单元格，表达方式为"工作表名称！单元格地址"；如果要引用同一工作簿多张工作表中的单元格或单元格区域，表达方式为"工作表名称：工作表名称！单元格地址"；除了引用同一工作簿中工作表的单元格外，还可以引用其他工作簿中的单元格。

11.2 使用公式计算数据

在 Excel 2016 中，使用公式可以省去手工输入数字的麻烦，减少输入的错误。本节将详细介绍公式的概念与运算符、公式的输入与编辑、公式的审核以及自动求和的方法和技巧。

↑ 扫码看视频

11.2.1 公式的概念与运算符

公式是对工作表中的数值执行计算的等式，公式以"="开头，通常情况下，公式由函数、参数、常量和运算符组成，下面分别予以介绍公式的组成部分。

> 函数：Excel 2016 包含许多预定义公式，可以对一个或多个数据执行运算，并返回一个或多个值。函数可以简化或缩短工作表中的公式。
> 参数：函数中用来执行操作或计算单元格（单元格区域）的数值。
> 常量：在公式中直接输入的数字或文本值，并且不参与运算且不发生改变的数值。
> 运算符：用来连接公式中准备进行计算的符号或标记，运算符可以表达公式内执行计算的类型，有数学、比较、逻辑和引用运算符。

公式中用于连接各种数据的符号或标记称之为运算符，可以指定准备对公式中的元素执行的计算类型，运算符可以分为算术运算符、比较运算符、文本运算符以及引用运算符4种。

1. 算术运算符

算术运算符用来完成基本的数学运算，如"加""减""乘""除"等运算，算术运算符的基本含义如表 11-1 所示。

表 11-1 算术运算符

算术运算符	含义	示例
+（加号）	加法	9+6
-（减号）	减法或负号	9-6；-5
*（星号）	乘法	3*9

（续表）

算术运算符	含义	示例
/（正斜号）	除法	6/3
%（百分号）	百分比	69%
^（脱字号）	乘方	5^2
!（阶乘）	连续乘法	3!=3*2*1

2. 文本运算符

文本运算符是可以将一个或多个文本连接为一个组合文本的一种运算符号，文本运算符使用和号"&"连接一个或多个文本字符串，从而产生新的文本字符串，文本运算符的基本含义如表 11-2 所示。

表 11-2 文本运算符

文本运算符	含义	示例
&（和号）	将两个文本连接起来产生一个连续的文本值	"漂"&"亮"="漂亮"

3. 比较运算符

比较运算符用于比较两个数值间的大小关系，并产生逻辑值 TRUE（真）或 FALSE（假），比较运算符的基本含义如表 11-3 所示。

表 11-3 比较运算符

比较运算符	含义	示例
=（等于号）	等于	A1=B1
>（大于号）	大于	A1>B1
<（小于号）	小于	A1<B1
>=（大于等于号）	大于或等于	A1>=B1
<=（小于等于号）	小于或等于	A1<=B1
<>（不等于号）	不等于	A1<>B1

4. 引用运算符

引用运算符是指对多个单元格区域进行合并计算的运算符号，例如 F1=A1+B1+

C1+D1,使用引用运算符后,可以将公式变更为 F1=SUM(A1:D1),引用运算符的基本含义如表 11-4 所示。

表 11-4 引用运算符

引用运算符	含义	示例
:(冒号)	区域运算符,生成对两个引用之间所有单元格的引用	A1:A2
,(逗号)	联合运算符,用于将多个引用合并为一个引用	SUM(A1:A2, A3:A4)
空格	交集运算符,生成在两个引用中共有的单元格引用	SUM(A1:A6, B1:B6)

11.2.2 公式的输入与编辑

素材文件:配套素材 \ 第 11 章 \ 素材文件 \ 11.2.2 公式的输入与编辑.xlsx

效果文件:配套素材 \ 第 11 章 \ 效果文件 \ 11.2.2 公式的输入与编辑.xlsx

在表格中输入公式的方法非常简单,下面详细介绍输入公式的方法。

Step 01 打开素材表格,选中 E6 单元格,在其中输入"=C6*D6",此时相对引用了公式中的单元格 C6 和 D6,然后按下 <Enter> 键,如图 11-1 所示。

Step 02 此时 E6 单元格中显示计算结果,选中 E6,将鼠标指针移至单元格右下角,鼠标变为十字形状,双击十字形状,如图 11-2 所示。

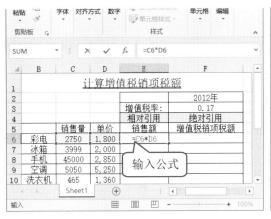

图 11-1　　　　　　　　　　　图 11-2

Step 03 通过以上步骤即可完成输入公式计算数据的操作,如图 11-3 所示。

图 11-3

11.2.3 公式的审核

素材文件：配套素材\第 11 章\素材文件\11.2.3 公式的审核.xlsx

效果文件：配套素材\第 11 章\效果文件\11.2.3 公式的审核.xlsx

如果表格中的公式出现错误，我们需要对公式进行检查和审核，以及追踪其错误产生的根源所在，以便对错误进行修正。

Step 01 打开素材表格，*1.* 在【公式】选项卡中单击【公式审核】下拉按钮；*2.* 在弹出的下拉列表中单击【错误检查】按钮，如图 11-4 所示。

Step 02 弹出【Microsoft Excel】对话框，提示"已完成对整个工作表的错误检查。"，单击【确定】按钮即可完成对公式进行审核的操作，如图 11-5 所示。

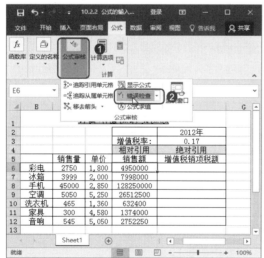

图 11-4

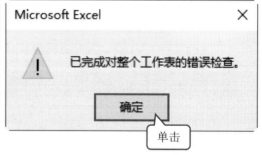

图 11-5

11.2.4 自动求和

素材文件：配套素材 \ 第 11 章 \ 素材文件 \ 11.2.4 自动求和 .xlsx

效果文件：配套素材 \ 第 11 章 \ 效果文件 \ 11.2.4 自动求和 .xlsx

在 Excel 2016 中，利用【自动求和】按钮可以快速将指定单元格求和，下面详细介绍自动求和的操作方法。

Step 01 选中单元格，**1.** 在【公式】选项卡中单击【函数库】下拉按钮；**2.** 在弹出的下拉列表中单击【自动求和】按钮，如图 11-6 所示。

Step 02 被选中的单元格中出现求和公式，按下 <Enter> 键，如图 11-7 所示。

图 11-6　　　　　　　　　　　　　　图 11-7

Step 03 通过以上步骤即可完成进行自动求和的操作，如图 11-8 所示。

图 11-8

◆ **知识拓展**

用户还可以选定准备求和的一列数据的下方单元格或一行数据的右侧单元格，单击【开始】选项卡中的【编辑】组中的【求和】按钮，即可在选定区域下方或右侧的空白单元格中填入相应的求和结果。

11.3 使用函数计算数据

在 Excel 2016 中，可以使用内置函数对数据进行分析和计算，函数计算数据的方式与公式计算数据的方式大致相同，函数的使用简化了公式、节省了时间，从而提高了工作效率。

↑ 扫码看视频

11.3.1 函数的分类

在 Excel 2016 中，为了方便不同的计算，系统提供了非常丰富的函数，一共有三百多个，下面介绍主要的函数分类，如表 11-5 所示。

表 11-5 函数的分类

分类	功能
信息函数	返回单元格中的数据类型，并对数据类型进行判断
财务函数	对财务进行分析和计算
自定义函数	使用 VBA 进行编写并完成特定功能
逻辑函数	用于进行数据逻辑方面的运算
查找与引用函数	用于查找数据或单元格引用
文本和数据函数	用于处理公式中的字符、文本或对数据进行计算与分析
统计函数	对数据进行统计分析
日期与时间函数	用于分析和处理时间和日期值
数学与三角函数	用于进行数学计算

11.3.2 函数的语法结构

在 Excel 2016 中，调用函数需要遵守函数的语法结构，否则将会产生语法错误，函数的语法结构由等于号、函数名称、括号、参数组成，下面详细介绍其组成部分，如图 11-8 所示。

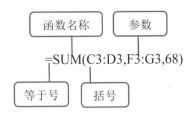

- 等于号：函数一般以公式的形式出现，必须在函数名称前面输入"="。
- 函数名称：用来标识调用功能函数的名称。
- 参数：参数可以是数字、文本、逻辑值和单元格引用，也可以是公式或其他函数。
- 括号：用来输入函数参数，各参数之间需用逗号（必须是半角状态下的逗号）隔开。

11.3.3 输入函数

素材文件：配套素材 \ 第 11 章 \ 素材文件 \ 11.3.3 输入函数 . xlsx

效果文件：配套素材 \ 第 11 章 \ 效果文件 \ 11.3.3 输入函数 . xlsx

使用 Excel 2016 中的插入函数功能，可以在列表中选择函数插入到单元格中，下面详细介绍使用插入函数功能输入函数的操作方法。

Step 01 选中要插入函数的单元格，**1.** 在【公式】选项卡中单击【函数库】下拉按钮；**2.** 在弹出的下拉列表中单击【插入函数】按钮，如图 11-9 所示。

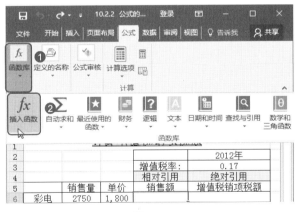

图 11-9

Step 02 弹出【插入函数】对话框，**1.** 在【或选择类别】下拉列表框中选择【数学与三角函数】命令；**2.** 在【选择函数】列表框中选择准备插入的函数；**3.** 单击【确定】按钮，如图 11-10 所示。

Step 03 弹出【函数参数】对话框，单击【确定】按钮，如图 11-11 所示。

图 11-10

图 11-11

Step 04 通过以上步骤即可完成输入函数的操作，如图 11-12 所示。

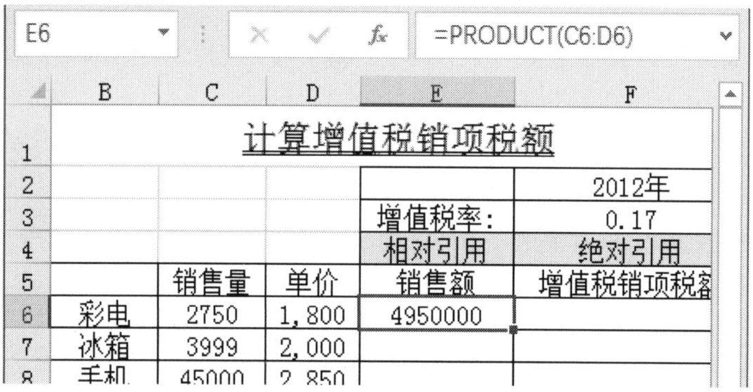

图 11-12

11.3.4 输入嵌套函数

素材文件： 配套素材 \ 第 11 章 \ 素材文件 \ 11.3.4 输入嵌套函数 . xlsx

效果文件： 配套素材 \ 第 11 章 \ 效果文件 \ 11.3.4 输入嵌套函数 . xlsx

函数的嵌套是指在一个函数中使用另一个函数的值作为参数。公式中最多可以包含七级嵌套函数，当函数 B 作为函数 A 的参数时，函数 B 称为第二级函数，如果函数 C 又是函数 B 的参数，则函数 C 称为第三级函数，依次类推，下面详细介绍使用嵌套函数的方法。

Step 01 选择 C13 单元格，输入嵌套函数如"=AVERAGE(SUM(E6:E13))"，按下 <Enter> 键，如图 11-13 所示。

Step 02 可以看到被选中的单元格中显示计算结果，通过以上步骤即可完成输入嵌套函数的操作，如图 11-14 所示。

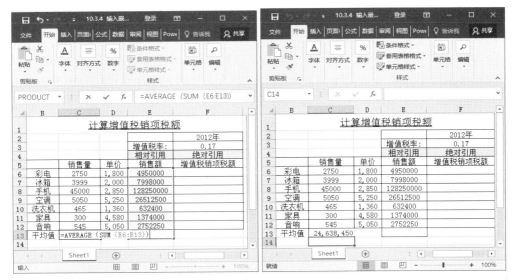

图 11-13　　　　　　　　　　　图 11-14

◆ **知识拓展**

除了前面介绍的一些函数分类之外，Excel 2016 还包括一些其他函数，如 Web 函数。Web 函数是 Excel 2013 版本中新增的一个函数类别，它可以通过网页链接直接用公式获取数据，无须编程，且无须启用宏。

11.4 数据排序和筛选

数据排序可以使工作表中的数据记录按照规定的顺序排列，从而使工作表条理清晰。本节将介绍单条件排序、多条件排序、自定义序列排序、自动筛选等内容。

↑扫码看视频

11.4.1 单条件排序

素材文件：配套素材\第 11 章\素材文件\11.4.1 单条件排序.xlsx

效果文件：配套素材\第 11 章\效果文件\11.4.1 单条件排序.xlsx

设置单条件排序的方法非常简单，下面详细介绍设置单条件排序的方法。

Step 01 打开素材表格，**1.** 在【数据】选项卡中单击【排序和筛选】下拉按钮；**2.** 在弹出的下拉列表中单击【排序】按钮，如图 11-15 所示。

Step 02 弹出【排序】对话框，**1.** 在【主要关键字】列表框中选择【语文】命令；**2.** 在【排序依据】列表框中选择【单元格值】命令；**3.** 在【次序】列表框中选择【升序】命令；**4.** 单击【确定】按钮，如图 11-16 所示。

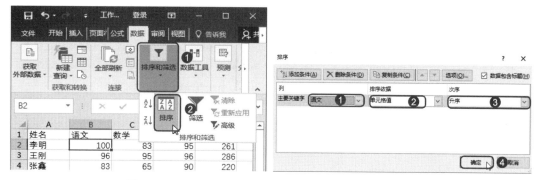

图 11-15　　　　　　　　　　　　　　图 11-16

Step 03 返回到表格，可以看到表中数据已经按照语文成绩进行升序排序，如图 11-17 所示。

图 11-17

11.4.2 多条件排序

素材文件：配套素材 \ 第 11 章 \ 素材文件 \ 11.4.2 多条件排序 . xlsx

效果文件：配套素材 \ 第 11 章 \ 效果文件 \ 11.4.2 多条件排序 . xlsx

如果在排序字段里出现相同的内容，会保持着它们的原始次序。如果用户还要对这些相同内容按照一定条件进行排序，就用到了多条件排序。

Step 01 打开素材表格，**1.** 在【数据】选项卡中单击【排序和筛选】下拉按钮；**2.** 在弹出的下拉列表中单击【排序】按钮，如图 11-18 所示。

Step 02 弹出【排序】对话框，**1.** 在【主要关键字】列表框中选择【语文】命令；**2.** 在【排序依据】列表框中选择【单元格值】命令；**3.** 在【次序】列表框中选择【升序】命令，如

图 11-19 所示。

图 11-18　　　　　　　　　　　图 11-19

Step 03 单击【添加条件】按钮，**1.** 在【次要关键字】列表框中选择【数学】命令；**2.** 在【排序依据】列表框中选择【单元格值】命令；**3.** 在【次序】列表框中选择【升序】命令；**4.** 单击【确定】按钮，如图 11-20 所示。

Step 04 返回到表格，可以看到表中数据已经按照以语文成绩为主要条件、以数学成绩为次要条件进行的升序排序，通过以上步骤即可完成多条件排序的操作，如图 11-21 所示。

图 11-20　　　　　　　　　　　图 11-21

11.4.3　自定义序列

素材文件：配套素材\第 11 章\素材文件\11.4.3 自定义序列进行排序.xlsx

效果文件：配套素材\第 11 章\效果文件\11.4.3 自定义序列进行排序.xlsx

数据的排序方式除了按照数字大小和拼音字母顺序外，还会涉及一些特殊的顺序，此时就用到了自定义排序。

Step 01 打开素材表格，**1.** 在【数据】选项卡中单击【排序和筛选】下拉按钮；**2.** 在弹出的下拉列表中单击【排序】按钮，如图 11-22 所示。

Step 02 弹出【排序】对话框，在【主要关键字】的【次序】下拉列表框中选择【自定义序列】命令，如图 11-23 所示。

图 11-22　　　　　　　　　　图 11-23

Step 03 弹出【自定义序列】对话框，*1.* 在【输入序列】文本框中输入"总分"；*2.* 单击【添加】按钮，此时新定义的序列就添加在了【自定义序列】列表框中；*3.* 单击【确定】按钮，如图 11-24 所示。

Step 04 返回【排序】对话框，此时【主要关键字】的【次序】下拉列表框自动选择【总分】命令，单击【确定】按钮，如图 11-25 所示。

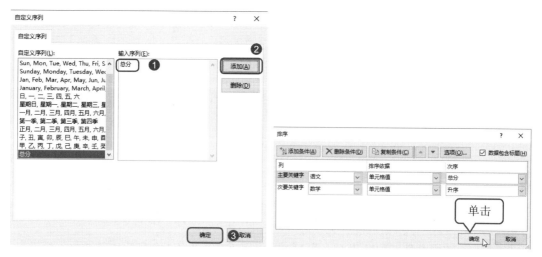

图 11-24　　　　　　　　　　图 11-25

Step 05 返回到表格，通过以上步骤即可完成按自定义序列进行排序的操作，如图 11-26 所示。

第 11 章 使用Excel 2016计算与分析数据

图 11-26

11.4.4 自动筛选

素材文件：配套素材\第 11 章\素材文件\11.4.4 自动筛选.xlsx

效果文件：配套素材\第 11 章\效果文件\11.4.4 自动筛选.xlsx

自动筛选一般用于简单的条件筛选，筛选时将不满足条件的数据暂时隐藏起来，只显示符合条件的数据。

Step 01 打开素材表格，将"|"标记定位在数据区域的任意单元格中，**1.** 在【数据】选项卡中单击【排序和筛选】下拉按钮；**2.** 在弹出的下拉列表中单击【筛选】按钮，如图 11-27 所示。

Step 02 此时工作表进入筛选状态，各标题字段的右侧出现一个下拉按钮，**1.** 单击【所在部门】右侧的下拉按钮；**2.** 在弹出的筛选条件中取消勾选【宣传部】【业务部】和【营销部】复选框，如图 11-28 所示。

图 11-27   图 11-28

Step 03 返回到工作表，此时所在部门为"策划部"和"人力资源部"的车辆使用明细数

239

据的筛选结果如图 11-29 所示。

图 11-29

11.4.5 自定义筛选

素材文件：配套素材\第 11 章\素材文件\11.4.5 自定义筛选 . xlsx

效果文件：配套素材\第 11 章\效果文件\11.4.5 自定义筛选 . xlsx

自定义筛选一般用于条件复杂的筛选操作，其筛选的结果可以显示在原数据表格中，不符合条件的记录同时保留在数据表中而不会被隐藏起来，这样会更便于进行数据对比。

Step 01 打开素材表格，将"|"标记定位在数据区域的任意单元格中，**1.** 在【数据】选项卡中单击【排序和筛选】下拉按钮；**2.** 在弹出的下拉列表中单击【筛选】按钮，如图 11-30 所示。

Step 02 此时工作表进入筛选状态，各标题字段的右侧出现一个下拉按钮，**1.** 单击【车辆消耗费】右侧的下拉按钮；**2.** 在弹出的筛选条件中选择【数字筛选】命令；**3.** 在弹出的子菜单中选择【大于】命令，如图 11-31 所示。

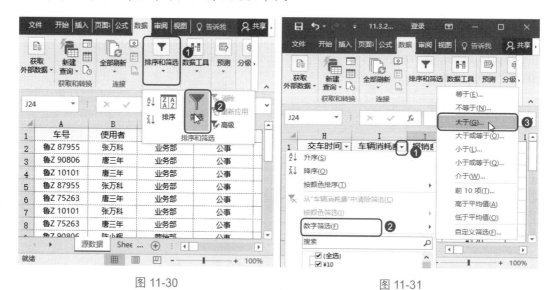

图 11-30   图 11-31

Step 03 弹出【自定义自动筛选方式】对话框，**1.** 在文本框中输入 100；**2.** 单击【确定】按钮，如图 11-32 所示。

Step 04 表格自动显示车辆消耗费大于100元的数据，如图11-33所示。

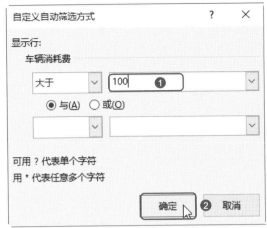

图 11-32　　　　　　　　　　图 11-33

◆ **知识拓展**

在【数字筛选】中包括等于、不等于、大于、大于或等于、小于、小于或等于、介于、前10项、高于平均值、低于平均值和自定义筛选共11项命令可供用户选择。

11.5　分　类　汇　总

分类汇总是按某一字段的内容进行分类，并对每一类统计出相应的结果数据。用户可以根据需要汇总的明细数据，统计和分析车辆的使用情况、各部门的用车情况以及车辆运行里程和油耗等。

↑扫码看视频

11.5.1　简单分类汇总

素材文件：配套素材\第11章\素材文件\11.5.1 简单分类汇总.xlsx

效果文件：配套素材\第11章\效果文件\11.5.1 简单分类汇总.xlsx

创建分类汇总的方法非常简单，下面详细介绍建立分类汇总的方法。

Step 01 打开素材表格，将"|"标记定位在数据区域的任意单元格中，**1.** 在【数据】选项卡中单击【排序和筛选】下拉按钮；**2.** 在弹出的下拉列表中单击【排序】按钮，如图 11-34 所示。

Step 02 弹出【排序】对话框，**1.** 在【主要关键字】列表框中选择【所在部门】命令；**2.** 在【排序依据】列表框中选择【单元格值】命令；**3.** 在【次序】列表框中选择【升序】命令；**4.** 单击【确定】按钮，如图 11-35 所示。

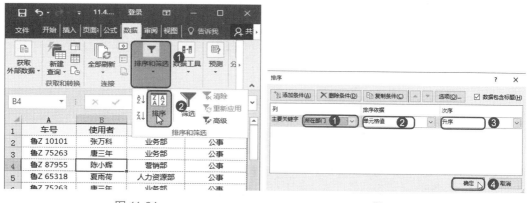

图 11-34　　　　　　　　　　　图 11-35

Step 03 返回到工作表，此时表格中的数据已经根据 C 列中"所在部门"的拼音首字母进行升序排列，**1.** 在【数据】选项卡中单击【分级显示】下拉按钮；**2.** 在弹出的下拉列表中单击【分类汇总】按钮，如图 11-36 所示。

Step 04 弹出【分类汇总】对话框，**1.** 在【分类字段】列表框中选择【所在部门】命令；**2.** 在【汇总方式】列表框中选择【求和】命令；**3.** 在【选定汇总项】列表框中勾选【车辆消耗费】复选框；**4.** 勾选【替换当前分类汇总】和【汇总结果显示在数据下方】复选框；**5.** 单击【确定】按钮，如图 11-37 所示。

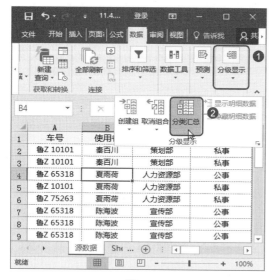
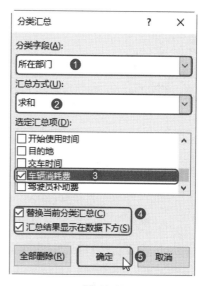

图 11-36　　　　　　　　　　　图 11-37

Step 05 返回到工作表，汇总效果如图 11-38 所示。

图 11-38

11.5.2 多重分类汇总

素材文件：配套素材 \ 第 11 章 \ 素材文件 \ 11.5.2 多重分类汇总 .xlsx

效果文件：配套素材 \ 第 11 章 \ 效果文件 \ 11.5.2 多重分类汇总 .xlsx

用户可以使用多个条件对表格数据进行分类汇总，下面详细介绍设置多重分类汇总的方法。

Step 01 打开表格素材，**1.** 在【数据】选项卡中单击【分级显示】下拉按钮；**2.** 在弹出的下拉列表中单击【分类汇总】按钮，如图 11-39 所示。

Step 02 弹出【分类汇总】对话框，**1.** 在【分类字段】列表框中选择【所在部门】命令；**2.** 在【汇总方式】列表框中选择【求和】命令；**3.** 在【选定汇总项】列表框中勾选【开始使用时间】和【交车时间】复选框；**4.** 勾选【替换当前分类汇总】和【汇总结果显示在数据下方】复选框；**5.** 单击【确定】按钮，如图 11-40 所示。

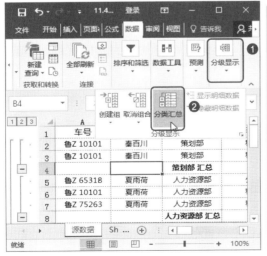

图 11-39

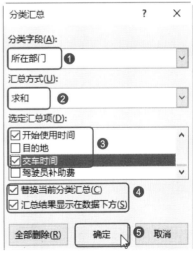

图 11-40

Step 03 返回到工作表，汇总效果如图 11-41 所示。

图 11-41

11.5.3 清除分类汇总

素材文件：配套素材 \ 第 11 章 \ 素材文件 \ 11.5.3 清除分类汇总 . xlsx

效果文件：配套素材 \ 第 11 章 \ 效果文件 \ 11.5.3 清除分类汇总 . xlsx

如果用户不再需要将工作表中的数据以分类汇总的方式显示，则可将刚刚创建的分类汇总删除。

Step 01 打开表格素材，**1.** 在【数据】选项卡中单击【分级显示】下拉按钮；**2.** 在弹出的下拉列表中单击【分类汇总】按钮，如图 11-42 所示。

Step 02 弹出【分类汇总】对话框，单击【全部删除】按钮，如图 11-43 所示。

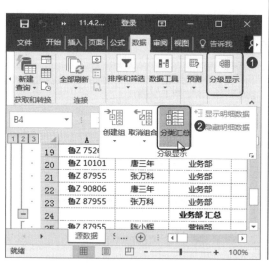

图 11-42

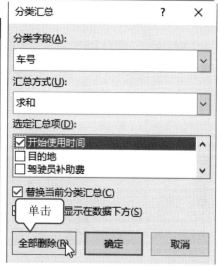

图 11-43

Step 03 返回到工作表,此时表格中的分类汇总已全部删除,如图 11-44 所示。

	A	B	C	D	E	F	G	H	I	J
1	车号	使用者	所在部门	使用原因	使用日期	开始使用时间	目的地	交车时间	车辆消耗费	报销费
2	鲁Z 10101	秦百川	策划部	公事	2014/6/2	9:20	市内区县	11:50	¥0	¥0
3	鲁Z 10101	秦百川	策划部	私事	2014/6/6	8:00	省外区县	20:00	¥220	¥0
4	鲁Z 65318	夏雨荷	人力资源部	公事	2014/6/1	9:30	市内区县	12:00	¥30	¥30
5	鲁Z 10101	夏雨荷	人力资源部	私事	2014/6/4	13:00	市内区县	21:00	¥80	¥0
6	鲁Z 75263	夏雨荷	人力资源部	私事	2014/6/7	8:30	市外区县	15:00	¥70	¥0
7	鲁Z 65318	陈海波	宣传部	公事	2014/6/2	8:30	市内区县	17:30	¥60	¥60
8	鲁Z 65318	陈海波	宣传部	公事	2014/6/4	14:30	市内区县	19:20	¥50	¥50
9	鲁Z 65318	陈海波	宣传部	公事	2014/6/6	9:30	市内区县	11:50	¥30	¥30
10	鲁Z 75263	陈冬冬	宣传部	公事	2014/6/6	8:00	市外区县	17:30	¥90	¥90
11	鲁Z 87955	赵六	宣传部	公事	2014/6/6	14:00	市外区县	17:50	¥20	¥20
12	鲁Z 90806	赵六	宣传部	公事	2014/6/6	10:00	省外区县	12:30	¥170	¥170
13	鲁Z 10101	陈海波	宣传部	公事	2014/6/7	13:00	市外区县	20:00	¥70	¥70
14	鲁Z 10101	张万科	业务部	公事	2014/6/4	8:00	市内区县	15:00	¥80	¥80
15	鲁Z 75263	廖三年	业务部	公事	2014/6/1	8:00	市外区县	21:00	¥130	¥130

图 11-44

◆ **知识拓展**

多重类汇总又被称为嵌套分类汇总,嵌套分类汇总是指对一个模拟运算表格进行多次分类汇总,每次分类汇总的关键字各不相同。在创建嵌套分类汇总前,需要对多次汇总的分类字段进行排序。

11.6 设计与制作图表

文不如表,表不如图,Excel 2016 具有许多高级的制图功能,可以直观地将工作表中的数据用图形表示出来,使其更具说服力。

↑ 扫码看视频

11.6.1 图表的构成元素

数据分析是指用适当的统计分析方法对收集来的大量数据进行分析,提取有用信息和形成结论并对数据加以详细研究和概括总结的过程。在 Excel 2016 中使用图表可以清楚地表达出数据的变化关系,并且还可以分析数据的规律,进行预测。

Excel 2016 提供了柱形图、折线图、饼图、条形图、面积图、XY 散点图、股价图、曲面图、雷达图、树状图、旭日图、直方图、箱形图和瀑布图 14 种图表类型,可以根据图标的特点选择合适的图表类型。

在 Excel 2016 中,图表由图表标题、数据系列、数据标签、图例项、主要纵坐标轴和主要横坐标轴等部分组成,不同的元素构成不同的图表,如图 11-45 所示。

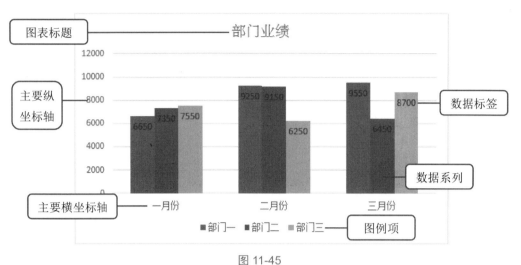

图 11-45

11.6.2 创建图表

素材文件：配套素材 \ 第 11 章 \ 素材文件 \ 11.6.2 创建图表 . xlsx

效果文件：配套素材 \ 第 11 章 \ 效果文件 \ 11.6.2 创建图表 . xlsx

通常情况下，使用柱形图来比较数据间的数量关系；使用折线图来反映数据间的趋势关系；使用饼图来表示数据间的分配关系。在 Excel 2016 中创建图表的方法非常简单，下面详细介绍创建图表的操作方法。

Step 01 打开素材表格，选中 A1:B13 单元格区域，**1.** 在【插入】选项卡中的【图表】组中单击【柱形图】下拉按钮；**2.** 在弹出的下拉列表中单击【簇状柱形图】，如图 11-46 所示。

Step 02 可以看到在工作表中已经插入了一个簇状柱形图，通过以上步骤即可完成创建图表的操作，如图 11-47 所示。

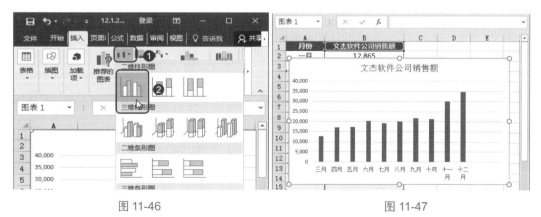

图 11-46　　　　　　　　　　图 11-47

11.6.3 编辑图表大小

素材文件： 配套素材\第 11 章\素材文件\11.6.3 编辑图表大小 .xlsx

效果文件： 配套素材\第 11 章\效果文件\11.6.3 编辑图表大小 .xlsx

图表创建完成后，可以根据需要调整图表的位置和大小。

Step 01 选中图表，此时图表区的四周会出现 8 个控制点，将鼠标指针移至图表的右下角，按住鼠标向左上或右下拖动，如图 11-48 所示。

Step 02 至适当位置释放鼠标，可以看到图表已经变大或变小，通过以上步骤即可完成编辑图表大小的操作，如图 11-49 所示。

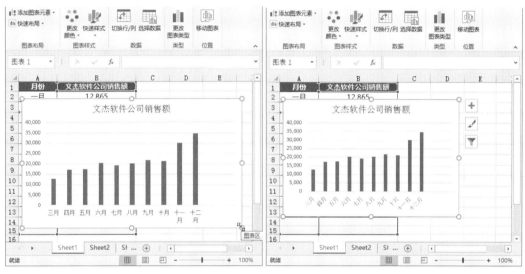

图 11-48　　　　　　　　　　　　　　　　图 11-49

11.6.4 美化图表

素材文件： 配套素材\第 11 章\素材文件\11.6.4 美化图表 .xlsx

效果文件： 配套素材\第 11 章\效果文件\11.6.4 美化图表 .Xlsx

为了使创建的图表看起来更加美观，用户可以对图表标题和图例、图表区域、数据系列等项目进行设置。

Step 01 选中图表标题，**1.** 在【开始】选项卡中单击【字体】下拉按钮；**2.** 在弹出的下拉列表中设置【字体】为方正琥珀简体；**3.** 设置【字号】为 18，如图 11-50 所示。

Step 02 用鼠标右键单击图表，在弹出的快捷菜单中选择【设置图表区域格式】命令，如图 11-51 所示。

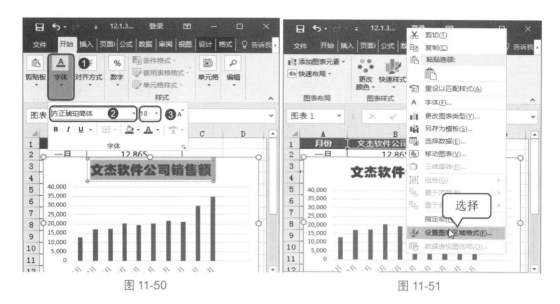

图 11-50　　　　　　　　　图 11-51

Step 03 弹出【设置图表区格式】窗格，**1.** 在选项卡中选中【渐变填充】单选按钮；**2.** 单击右下角的【颜色】下拉按钮；**3.** 在弹出的【颜色】下拉列表中选择【其他颜色】命令，如图 11-52 所示。

Step 04 弹出【颜色】对话框，**1.** 在【自定义】选项卡中的【颜色模式】列表框中选择【RGB】命令；**2.** 分别在【红色】【绿色】和【蓝色】微调框中输入数值；**3.** 单击【确定】按钮，如图 11-53 所示。

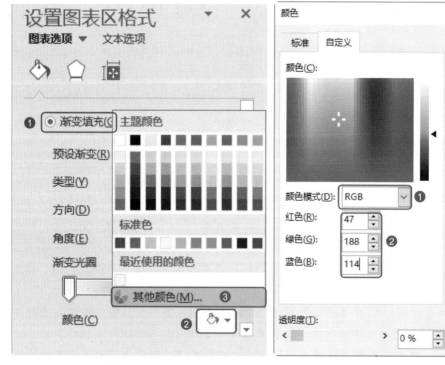

图 11-52　　　　　　　　　图 11-53

第 11 章　使用Excel 2016计算与分析数据

Step 05 返回到【设置图表区格式】窗格，**1.** 在【角度】微调框中输入 315°；**2.** 单击窗格右上角的关闭按钮，如图 11-54 所示。

Step 06 返回到工作表中，效果如图 11-55 所示。

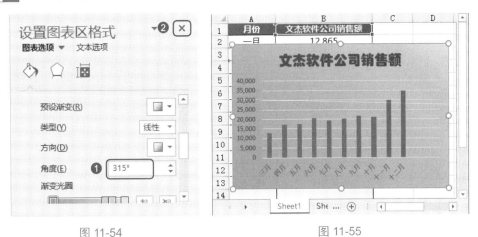

图 11-54　　　　　　　　　　　　图 11-55

11.6.5　创建和编辑迷你图

 素材文件：配套素材\第 11 章\素材文件\11.6.5 创建和编辑迷你图.xlsx

效果文件：配套素材\第 11 章\效果文件\11.6.5 创建和编辑迷你图.Xlsx

创建和编辑迷你图的方法很简单，下面详细介绍创建和编辑迷你图的操作方法。

Step 01 选中 B2:B13 单元格区域，**1.** 在【插入】选项卡中单击【迷你图】下拉按钮；**2.** 在弹出的下拉列表中选择【折线图】命令，如图 11-56 所示。

Step 02 弹出【创建迷你图】对话框，**1.** 在【位置范围】文本框中输入单元格位置；**2.** 单击【确定】按钮，如图 11-57 所示。

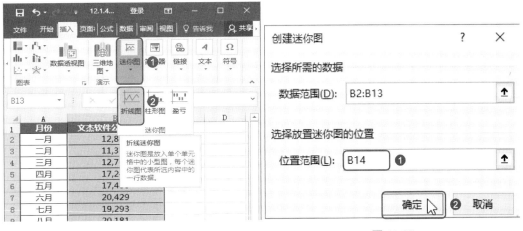

图 11-56　　　　　　　　　　　　图 11-57

Step 03 可以看到在 B14 单元格中已经插入了迷你折线图，选中该单元格，*1.* 在【设计】选项卡中的【样式】组中单击【样式】下拉按钮；*2.* 在弹出的样式库中选择一种样式，如图 11-58 所示。

Step 04 可以看到折线图的样式已经更改，通过以上步骤即可完成创建并编辑迷你图的操作，如图 11-59 所示。

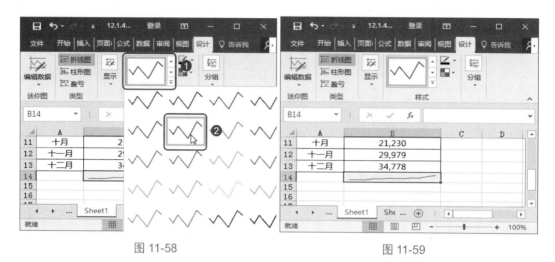

图 11-58　　　　　　　　　　　　图 11-59

◆ **知识拓展**

向图表中添加数据，最简单的方法就是复制工作表的数据并粘贴到图表中，首先选择要添加到图表中的单元格区域，在【开始】选项卡中单击【剪贴板】组中的【复制】按钮，单击图表将其选中，再单击【剪贴板】组中的【粘贴】按钮。

11.7　实践操作与应用

通过本章的学习，读者基本可以掌握使用 Excel 计算与分析数据的基本知识以及一些常见的操作方法，下面通过练习操作，以达到巩固学习、拓展提高的目的。

11.7.1　计算员工加班费

素材文件：配套素材＼第 11 章＼素材文件＼11.7.1 计算员工加班费 .xlsx

效果文件：配套素材＼第 11 章＼效果文件＼11.7.1 计算员工加班费 .xlsx

计算员工加班费须谨慎，避免出错，让员工得到应得的酬劳。下面详细介绍计算员工加班费的操作方法。

Step 01 打开素材表格，在单元格 H5 中输入"=1020/22/12*200%*12"，如图 11-60 所示。

Step 02 按下 <Enter> 键，可以看到 H5 单元格中显示计算数据，同时 H9 单元格的数据被更改，如图 11-61 所示。

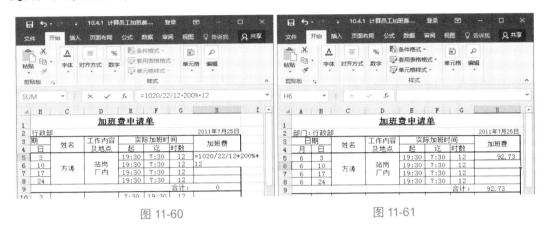

图 11-60　　　　　　　　　　　图 11-61

Step 03 选中 H5 单元格，将鼠标指针移至单元格右下角，鼠标变为十字形状，双击鼠标填充 H6:H8 的数据，如图 11-62 所示。

Step 04 可以看到 H6:H8 的数据已经被填充完毕，同时 H9 的数据也发生改变，如图 11-63 所示。

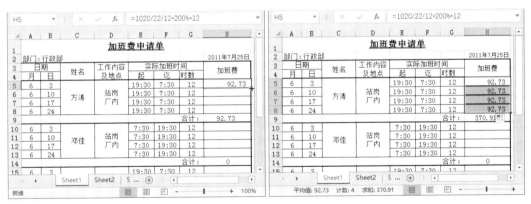

图 11-62　　　　　　　　　　　图 11-63

11.7.2　制作员工工资表

素材文件：配套素材 \ 第 11 章 \ 素材文件 \ 11.7.2 制作员工工资表 .xlsx

效果文件：配套素材 \ 第 11 章 \ 效果文件 \ 11.7.2 制作员工工资表 .xlsx

Step 01 打开素材工作簿，在 Sheet1 工作表中合并 A1:L1 单元格区域，输入"员工工资表"，并设置字体为隶书，字号为 24，单击【加粗】按钮，得到的表格标题效果如图 11-64 所示。

Step 02 将 Sheet2 工作表中的数据内容复制到 Sheet1 工作表中，如图 11-65 所示。

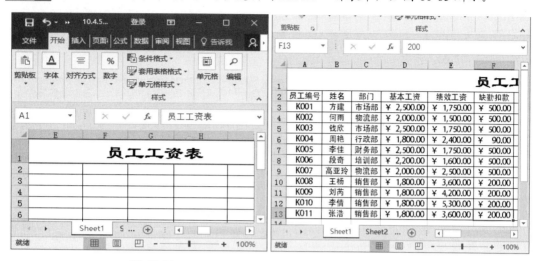

图 11-64　　　　　　　　　　　　图 11-65

Step 03 在 H2:K2 单元格区域内输入"应发工资""五险一金应扣合计""税前应发工资""个人所得税"，在 H3:K13 单元格区域内输入数据，如图 11-66 所示。

Step 04 在 L3 单元格中输入"=J3-K3"，按下 <Enter> 键即可显示计算结果，并将该公式填充至 L4:L13 区域内，如图 11-67 所示。

图 11-66　　　　　　　　　　　　图 11-67

第12章

用 PowerPoint 2016 设计与制作幻灯片

本章要点

- 演示文稿的基本操作
- 设置字体及段落格式
- 美化幻灯片效果
- 母版的设计与使用
- 设置页面切换和动画效果
- 放映演示文稿

本章主要内容

本章主要介绍了演示文稿的基本操作、设置字体及段落格式、美化幻灯片效果、母版的设计与使用、设置页面切换和动画效果方面的知识与技巧，同时还讲解了如何放映演示文稿，在本章的最后还针对实际的工作需求，讲解了保护演示文稿、添加墨迹注释和设置黑白模式的方法。通过本章的学习，读者可以掌握 PowerPoint 2016 基础操作方面的知识，为深入学习 Windows 10 和 Office 2016 知识奠定基础。

12.1 演示文稿的基本操作

↑扫码看视频

PowerPoint 2016 是制作和演示幻灯片的办公软件，能够制作出集文字、图像、声音及视频剪辑等多媒体元素于一体的演示文稿。本节将介绍演示文稿基本操作方面的知识。

12.1.1 创建与保存演示文稿

素材文件：无

效果文件：配套素材\第 12 章\效果文件\12.1.1 创建与保存演示文稿 .pptx

创建与保存演示文稿的方法非常简单，下面介绍创建与保存演示文稿的方法。

Step 01 在电脑桌面中，**1.** 单击【开始】按钮；**2.** 在【所有程序】列表中单击【PowerPoint 2016】程序，如图 12-1 所示。

Step 02 进入 PowerPoint 2016 创建界面，在提供的模板中单击【空白演示文稿】模板，如图 12-2 所示。

图 12-1　　　　　　图 12-2

Step 03 通过以上步骤即可完成创建演示文稿的操作，如图 12-3 所示。

Step 04 进入 Backstage 视图，**1.** 选择【保存】命令；**2.** 单击【浏览】按钮，如图 12-4 所示。

第 12 章　用PowerPoint 2016设计与制作幻灯片

图 12-3　　　　　　　　　　图 12-4

Step 05 弹出【另存为】对话框，**1.** 选择准备保存的位置；**2.** 在【文件名】文本框中输入名称；**3.** 单击【保存】按钮，如图 12-5 所示。

Step 06 可以看到演示文稿标题名称已经发生改变，通过以上步骤即可完成创建与保存演示文稿的操作，如图 12-6 所示。

图 12-5　　　　　　　　　　图 12-6

12.1.2　添加和删除幻灯片

素材文件： 配套素材 \ 第 12 章 \ 素材文件 \ 12.1.2 添加和删除幻灯片 .pptx

效果文件： 配套素材 \ 第 12 章 \ 效果文件 \ 12.1.2 添加和删除幻灯片 .pptx

　　用户在制作演示文稿的过程中，经常需要添加新的幻灯片，或删除不需要的幻灯片。添加和删除幻灯片的方法非常简单，下面详细介绍添加和删除幻灯片的操作方法。

Step 01 打开素材文件，用鼠标右键单击大纲区的幻灯片缩略图，在弹出的快捷菜单中选择【新建幻灯片】命令，如图 12-7 所示。

Step 02 可以看到大纲区的幻灯片缩略图增加了一张新幻灯片，通过以上步骤即可完成添加幻灯片的操作，如图 12-8 所示。

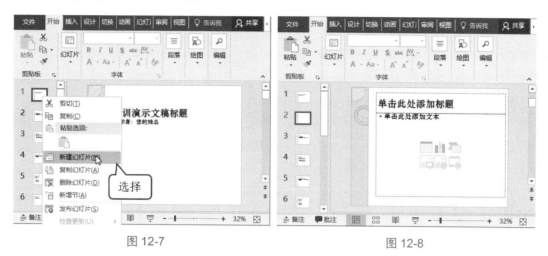

图 12-7　　　　　　　　　　　　　图 12-8

Step 03 用鼠标右键单击大纲区的幻灯片缩略图，在弹出的快捷菜单中选择【删除幻灯片】命令，如图 12-9 所示。

Step 04 可以看到大纲区的幻灯片缩略图减少了一张，通过以上步骤即可完成删除幻灯片的操作，如图 12-10 所示。

图 12-9　　　　　　　　　　　　　图 12-10

12.1.3　复制和移动幻灯片

素材文件：配套素材\第 12 章\素材文件\12.1.3 复制和移动幻灯片 .pptx

效果文件：配套素材\第 12 章\效果文件\12.1.3 复制和移动幻灯片 .pptx

在 PowerPoint 2016 中，可以将选择的幻灯片移动到指定位置，还可以为选择的幻灯片创建副本，下面介绍复制和移动幻灯片的操作方法。

Step 01 用鼠标右键单击大纲区的第 1 张幻灯片缩略图，在弹出的快捷菜单中选择【复制】命令，如图 12-11 所示。

Step 02 用鼠标右键单击大纲区的第 4 张幻灯片缩略图，在弹出的快捷菜单中单击【粘贴选项】下的【使用目标主题】按钮，如图 12-12 所示。

图 12-11　　　　　　　　　　　　　　图 12-12

Step 01 可以看到复制的幻灯片出现在第 3 张的位置，通过以上步骤即可完成复制幻灯片的操作，如图 12-13 所示。

Step 04 用鼠标右键单击第 2 张幻灯片的缩略图，在弹出的快捷菜单中选择【剪切】命令，如图 12-14 所示。

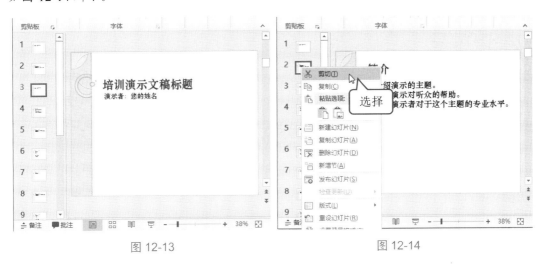

图 12-13　　　　　　　　　　　　　　图 12-14

Step 05 用鼠标右键单击第 3 张幻灯片缩略图，在弹出的快捷菜单中单击【粘贴选项】下的【使用目标主题】按钮，如图 12-15 所示。

Step 06 可以看到剪切的幻灯片已经粘贴到第 4 张幻灯片的位置，通过以上步骤即可完成移动幻灯片的操作，如图 12-16 所示。

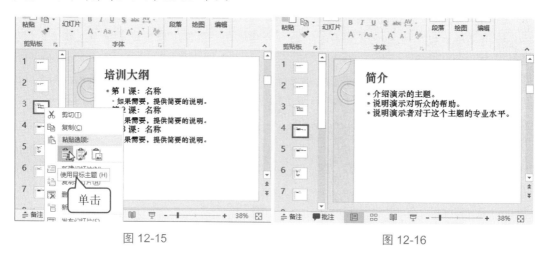

图 12-15　　　　　　　　　　　图 12-16

◆ **知识拓展**

用户还可以将所有的幻灯片进行统一主题的应用，进入【设计】选项卡，在【主题】组中单击下拉按钮，在弹出的主题库中选择一种主题即可为所有幻灯片应用统一的主题。

12.2　设置字体及段落格式

幻灯片内容一般由一定数量的文本对象和图形对象组成，文本对象又是幻灯片的基本组成部分，PowerPoint 2016 提供了强大的格式化功能，允许用户对文本进行格式化。幻灯片中普通文字的格式化方法与 Word、Excel 相同，用户可以为文字设置字体及段落格式。

↑扫码看视频

12.2.1　设置文本格式

素材文件：配套素材 \ 第 12 章 \ 素材文件 \ 12.2.1 设置文本格式 .pptx

效果文件：配套素材 \ 第 12 章 \ 效果文件 \ 12.2.1 设置文本格式 .pptx

打开素材文件，选中文本，在【开始】选项卡中的【字体】组中设置字体为方正古隶简体，设置字号为 28，单击【倾斜】按钮，如图 12-17 所示。

图 12-17

12.2.2 设置段落格式

 素材文件：配套素材 \ 第 12 章 \ 素材文件 \ 12.2.2 设置段落格式 .pptx

效果文件：配套素材 \ 第 12 章 \ 效果文件 \ 12.2.2 设置段落格式 .pptx

在 PowerPoint 2016 中，不仅可以将文本的格式进行自定义设置，还可以根据具体的目标或要求，对幻灯片的段落格式进行设置，下面介绍设置段落的格式的操作方法。

Step 01 打开素材文件，选中文本，*1.* 在【开始】选项卡中单击【段落】下拉按钮；*2.* 在弹出的下拉列表中单击【启动器】按钮，如图 12-18 所示。

Step 02 弹出【段落】对话框，*1.* 在【缩进和间距】选项卡中的【对齐方式】列表框中选择【居中】命令；*2.* 在【特殊格式】列表框中选择【无】命令；*3.* 在【段后】微调框中输入 6 磅；*4.* 在【行距】列表框中选择【1.5 倍行距】命令；*5.* 单击【确定】按钮，如图 12-19 所示。

图 12-18　　　　　　　　　　　图 12-19

Step 03 通过上述操作即可完成设置段落格式的操作，如图 12-20 所示。

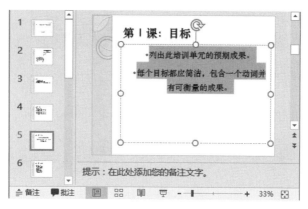

图 12-20

12.2.3 段落分栏

素材文件：配套素材 \ 第 12 章 \ 素材文件 \ 12.2.3 段落分栏 .pptx

效果文件：配套素材 \ 第 12 章 \ 效果文件 \ 12.2.3 段落分栏 .pptx

在 PowerPoint 2016 中，可以根据版式的要求将文字设置为分栏显示，下面介绍设置文本分栏显示的相关操作方法。

Step 01 打开素材文件，用鼠标右键单击选中的文本，在弹出的快捷菜单中选择【设置文字效果格式】命令，如图 12-21 所示。

Step 02 弹出【设置形状格式】窗格，在【大小与属性】选项卡中的【文本框】选项组中单击【分栏】按钮，如图 12-22 所示。

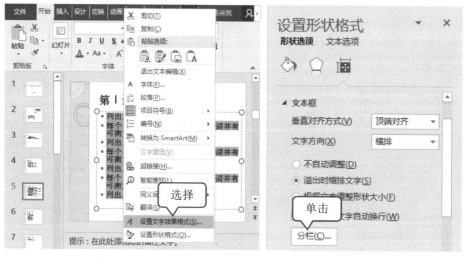

图 12-21　　　　　　　　　　图 12-22

Step 03 弹出【栏】对话框，**1.**在【数量】微调框中输入 2；**2.**在【间距】微调框中输入 1.5 厘米；**3.**单击【确定】按钮，如图 12-23 所示。

Step 04 通过以上步骤即可完成段落分栏的操作，如图 12-24 所示。

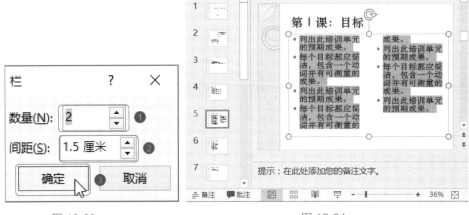

图 12-23　　　　　　　　　　　图 12-24

◆ **知识拓展**

用户还可以设置文本的方向，在【开始】选项卡中单击【段落】下拉按钮，在弹出的下拉列表中单击【文字方向】下拉按钮，在弹出的下拉列表中选择【竖排】命令，即可将文本变为竖排。

12.3　美化幻灯片效果

美观漂亮的演示文稿能更快更好地介绍宣传者的观点，使用 Power Point 2016 制作幻灯片，可以对幻灯片进行图文混排的美化操作，从而增强幻灯片的艺术效果，本节将介绍美化幻灯片的相关知识。

↑扫码看视频

12.3.1　插入自选图形

素材文件：配套素材\第 12 章\素材文件\12.3.1 插入自选图形 .pptx

效果文件：配套素材\第 12 章\效果文件\12.3.1 插入自选图形 .pptx

用户可以在幻灯片中插入自选图形，下面介绍在幻灯片中插入自选图形的方法。

Step 01 打开素材文件，选中第 2 张幻灯片，**1.** 在【插入】选项卡中单击【插图】下拉按钮；**2.** 在弹出的下拉列表中单击【形状】下拉按钮；**3.** 在弹出的形状库中选择一种形状，如图 12-25 所示。

Step 02 鼠标变为十字形状，在幻灯片中单击并拖动鼠标绘制图形，选中绘制的图形，**1.** 在【格式】选项卡中的【形状样式】组中单击【形状填充】下拉按钮；**2.** 在弹出的下拉列表中选择【无填充颜色】命令，如图 12-26 所示。

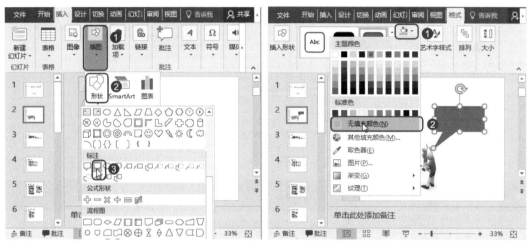

图 12-25　　　　　　　　　　　图 12-26

Step 03 用鼠标右键单击选中的图形，在弹出的快捷菜单中选择【编辑文字】命令，如图 12-27 所示。

Step 04 选择输入法在图形中输入"培训让员工更具创新和活力"，并设置"培训"的颜色为红色、字号为 36，其余文本的颜色为黑色，字号为 18，如图 12-28 所示。

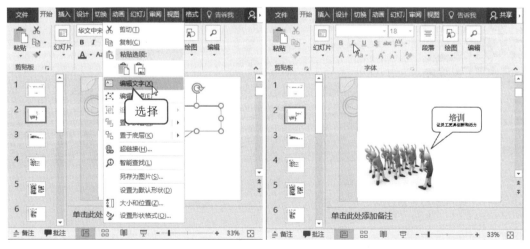

图 12-27　　　　　　　　　　　图 12-28

12.3.2 插入图片

素材文件：配套素材 \ 第 12 章 \ 素材文件 \ 12.3.2 插入图片 .pptx

效果文件：配套素材 \ 第 12 章 \ 效果文件 \ 12.3.2 插入图片 .pptx

用户可以将自己喜欢的图片保存在电脑中，然后将这些图片插入到 Power Point 2016 演示文稿中。

Step 01 打开素材文件，选中第 2 张幻灯片，**1.** 在【插入】选项卡中单击【图像】下拉按钮；**2.** 在弹出的下拉列表中单击【图片】按钮，如图 12-29 所示。

Step 02 弹出【插入图片】对话框，**1.** 选中准备插入的图片；**2.** 单击【插入】按钮，如图 12-30 所示。

图 12-29　　　　　　　　　　图 12-30

Step 03 可以看到图片已经插入到幻灯片中，移动图片至合适位置，通过上述操作即可完成插入图片的操作，如图 12-31 所示。

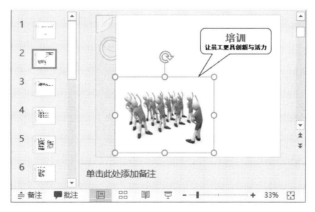

图 12-31

12.3.3 插入表格

素材文件：配套素材\第 12 章\素材文件\12.3.3 插入表格.pptx

效果文件：配套素材\第 12 章\效果文件\12.3.3 插入表格.pptx

Step 01 打开素材文件，选中第 16 张幻灯片，**1.** 在【插入】选项卡中单击【表格】下拉按钮；**2.** 在弹出的下拉列表中选择【插入表格】命令，如图 12-32 所示。

Step 02 弹出【插入表格】对话框，**1.** 在【列数】微调框中输入 7；**2.** 在【行数】微调框中输入 10；**3.** 单击【确定】按钮，如图 12-33 所示。

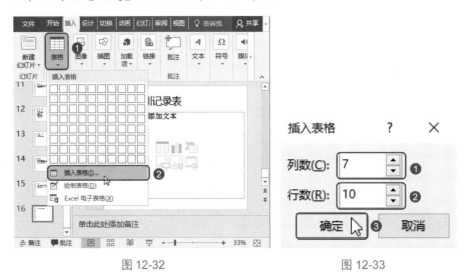

图 12-32　　　　　　　　　　图 12-33

Step 03 可以看到幻灯片中已经插入了表格，在第 1 行输入标题，如图 12-34 所示。

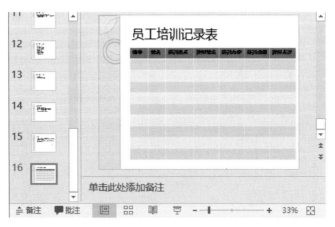

图 12-34

◆ **知识拓展**

用户还可以在幻灯片中插入艺术字,在【插入】选项卡中单击【文本】下拉按钮,在弹出的下拉列表中单击【艺术字】下拉按钮,在弹出的艺术字库中选择一个艺术字样式,即可在幻灯片中插入艺术字。

12.4 母版的设计与使用

↑扫码看视频

所谓的幻灯片母版,实际上就是一张特殊的幻灯片,它可以被看作是一个用于构建幻灯片的框架。母版是定义演示文稿中所有幻灯片或页面格式的幻灯片视图或页面,使用母版可以统一幻灯片的风格。

12.4.1 母版的类型

在 PowerPoint 2016 种有 3 种母版:幻灯片母版、讲义母版和备注母版。

使用幻灯片母版,用户可以根据需要设置演示文稿样式,包括项目符号和字体的类型和大小、占位符大小和位置、背景设计和填充、配色方案及幻灯片母版和可选的标题母版,如图 12-35 所示。

讲义母版提供在一张打印纸上同时打印多张幻灯片的讲义版面布局和"页眉与页脚"的设置样式,如图 12-36 所示。

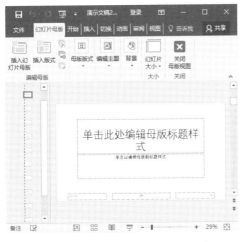

图 12-35

图 12-36

通常情况下，用户会把不需要展示给观众的内容写在备注里，编写备注是保存交流资料的一种方法，如图 12-37 所示。

图 12-37

12.4.2 打开和关闭母版视图

使用母版视图首先应熟悉对于母版视图的基础操作，包括打开和关闭母版视图。

Step 01 打开 PowerPoint 程序，**1.** 在【视图】选项卡中单击【母版视图】下拉按钮；**2.** 在弹出的下拉列表中单击【幻灯片母版】按钮，如图 12-38 所示。

Step 02 可以看到进入幻灯片母版视图模式，通过以上步骤即可完成打开母版视图的操作，如图 12-39 所示。

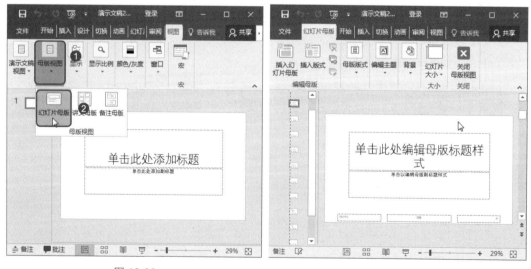

图 12-38　　　　　　　　　　　　图 12-39

Step 03 在【幻灯片母版】选项卡中单击【关闭母版视图】按钮，如图 12-40 所示。

Step 04 可以看到幻灯片退出母版视图模式，通过以上步骤即可完成关闭母版视图的操作，如图 12-41 所示。

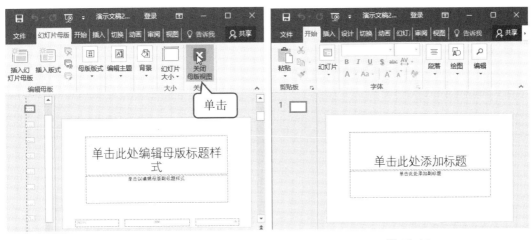

图 12-40　　　　　　　　　　　　图 12-41

12.4.3 设置幻灯片母版背景

素材文件：配套素材 \ 第 12 章 \ 素材文件 \ 12.4.3 设置幻灯片母版背景 .pptx

效果文件：配套素材 \ 第 12 章 \ 效果文件 \ 12.4.3 设置幻灯片母版背景 .pptx

设置幻灯片母版背景的方法非常简单，下面介绍设置幻灯片母版背景的方法。

Step 01 打开素材文件，**1.** 在【视图】选项卡中单击【母版视图】下拉按钮；**2.** 在弹出的下拉列表中单击【幻灯片母版】按钮，如图 12-42 所示。

Step 02 可以看到进入幻灯片母版视图模式，用鼠标右键单击幻灯片空白处，在弹出的快捷菜单中选择【设置背景格式】命令，如图 12-43 所示。

 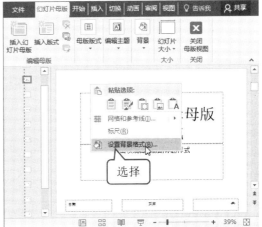

图 12-42　　　　　　　　　　　　图 12-43

Step 03 弹出【设置背景格式】窗格，**1.**在【填充】选项卡中单击【图片或纹理填充】单选按钮；**2.**单击【文件】按钮，如图12-44所示。

Step 04 弹出【插入图片】对话框，**1.**选择准备插入的图片；**2.**单击【插入】按钮，如图12-45所示。

图 12-44

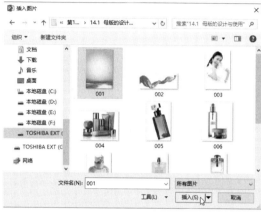

图 12-45

Step 05 通过以上步骤即可完成设置幻灯片母版背景的操作，如图12-46所示。

图 12-46

12.5 设置页面切换和动画效果

在特定的页面加入合适的过渡动画，会使幻灯片更加生动，过多的文本会影响幻灯片的阅读效果，可以为文字设置逐段显示的动画效果，避免同时出现大量文字。

↑扫码看视频

12.5.1 设置页面切换效果

素材文件: 配套素材\第 12 章\素材文件\12.5.1 设置页面切换效果 .pptx

效果文件: 配套素材\第 12 章\效果文件\12.5.1 设置页面切换效果 .pptx

在 PowerPoint 2016 中预设了细微型、华丽型、动态内容 3 种类型的页面切换效果,其中包括切入、淡出、推进、擦除等切换方式,下面详细介绍添加幻灯片切换效果的操作方法。

Step 01 打开素材文件,选择第 1 张幻灯片,**1.** 在【切换】选项卡中的【切换到此幻灯片】组中单击【切换效果】下拉按钮;**2.** 在弹出的切换效果库中选择准备添加的切换方案,如图 12-47 所示。

Step 02 可以看到第 1 张幻灯片已经插入了切换效果,通过以上步骤即可完成设置页面切换效果的操作,如图 12-48 所示。

图 12-47　　　　　　　　　　　　　图 12-48

12.5.2 设置幻灯片切换速度

素材文件: 配套素材\第 12 章\素材文件\12.5.2 设置幻灯片切换速度 .pptx

效果文件: 配套素材\第 12 章\效果文件\12.5.2 设置幻灯片切换速度 .pptx

用户还可以给幻灯片添加声音效果,下面介绍设置幻灯片切换声音效果的方法。

Step 01 打开素材文件,选中第 1 张幻灯片,**1.** 在【切换】选项卡中单击【计时】下拉按钮;**2.** 在弹出的下拉列表中单击【声音】下拉按钮,在弹出的下拉列表中选择一种效果,如图 12-49 所示。

Step 02 通过以上步骤即可完成设置幻灯片切换声音效果的操作，如图 12-50 所示。

图 12-49　　　　　　　　　　　图 12-50

12.5.3　添加和编辑超链接

素材文件：配套素材 \ 第 12 章 \ 素材文件 \ 12.5.3 添加和编辑超链接 .pptx

效果文件：配套素材 \ 第 12 章 \ 效果文件 \ 12.5.3 添加和编辑超链接 .pptx

在 PowerPoint 2016 中，使用超链接可以在幻灯片与幻灯片之间切换，从而增强演示文稿的可视性，下面将介绍设置演示文稿超链接的操作方法。

Step 01 打开素材文件，在第 2 张幻灯片中用鼠标右键单击【下一页】文本框，在弹出的快捷菜单中选择【超链接】命令，如图 12-51 所示。

Step 02 弹出【插入超链接】对话框，**1.** 单击【本文档中的位置】按钮；**2.** 选择【下一张幻灯片】命令；**3.** 单击【确定】按钮，如图 12-52 所示。

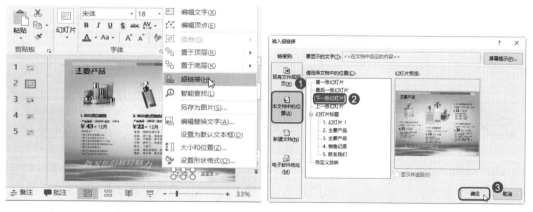

图 12-51　　　　　　　　　　　图 12-52

12.5.4 插入动作按钮

素材文件：配套素材 \ 第 12 章 \ 素材文件 \ 12.5.4 插入动作按钮 .pptx

效果文件：配套素材 \ 第 12 章 \ 效果文件 \ 12.5.4 插入动作按钮 .pptx

用户还可以在幻灯片中插入动作按钮，下面详细介绍在幻灯片中插入动作按钮的操作方法。

Step 01 打开素材文件，选择第 1 张幻灯片，*1.* 在【插入】选项卡中单击【插图】下拉按钮；*2.* 在弹出的下拉列表中单击【形状】下拉按钮；*3.* 在弹出的形状库中选择一种动作按钮，如图 12-53 所示。

Step 02 鼠标指针变为十字形状，单击并拖动鼠标绘制动作按钮，至适当大小释放鼠标，通过以上步骤即可完成添加动作按钮的操作，如图 12-54 所示。

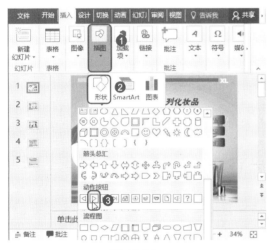

图 12-53

图 12-54

12.5.5 添加动画效果

素材文件：配套素材 \ 第 12 章 \ 素材文件 \ 12.5.5 添加动画效果 .pptx

效果文件：配套素材 \ 第 12 章 \ 效果文件 \ 12.5.5 添加动画效果 .pptx

为幻灯片添加动画效果的方法非常简单，下面详细介绍添加动画效果的操作。

Step 01 选中第 4 张幻灯片中的文本框，*1.* 在【动画】选项卡中的【高级动画】组中单击【添加动画】下拉按钮；*2.* 在弹出的动画库中选择一种动画，如图 12-55 所示。

Step 02 可以看到文本框左侧出现一个数字 1，表示该文本框含有动画效果，通过以上步骤即可完成添加动画效果的操作，如图 12-56 所示。

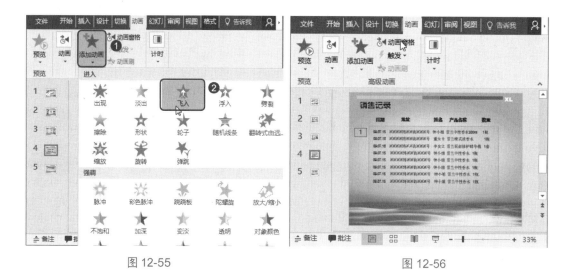

图 12-55　　　　　　　　　　　　　　图 12-56

12.5.6 设置动画效果

素材文件：配套素材 \ 第 12 章 \ 素材文件 \ 12.5.6 设置动画效果 .pptx

效果文件：配套素材 \ 第 12 章 \ 效果文件 \ 12.5.6 设置动画效果 .pptx

为幻灯片中的对象添加动画效果后，可以根据需要设置不同的动画效果，下面详细介绍设置动画效果的操作方法。

Step 01 选中第 4 张幻灯片中的文本框，在【动画】选项卡中的【高级动画】组中单击【动画窗格】按钮，如图 12-57 所示。

Step 02 弹出【动画窗格】窗口，用鼠标右键单击动画效果，在弹出的快捷菜单中选择【效果选项】命令，如图 12-58 所示。

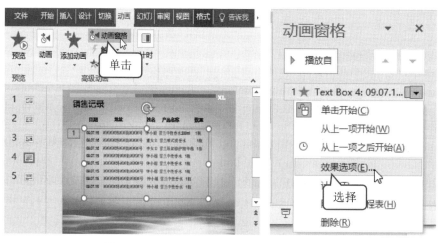

图 12-57　　　　　　　　　　　　　　图 12-58

Step 03 弹出【飞入】对话框，**1.** 在【效果】选项卡中设置方向为【自底部】；**2.** 设置声音为【爆炸】，如图 12-59 所示。

Step 04 在【计时】选项卡中，**1.** 设置开始为【单击时】；**2.** 设置期间为【中速（2 秒）】；**3.** 单击【确定】按钮，如图 12-60 所示。

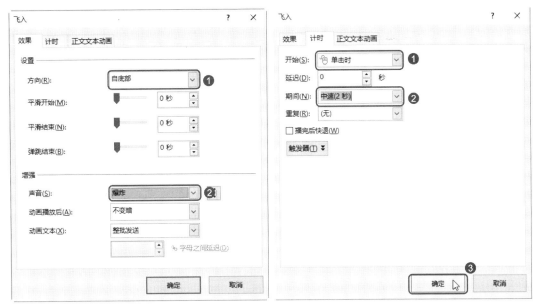

图 12-59　　　　　　　　　　　　图 12-60

Step 05 可以看到【动画窗格】窗口自动播放刚刚设置的动画效果，通过上述操作即可完成设置动画效果的操作，如图 12-61 所示。

图 12-61

12.5.7　使用动作路径

素材文件：配套素材 \ 第 12 章 \ 素材文件 \ 12.5.7 使用动作路径 .pptx

效果文件：配套素材 \ 第 12 章 \ 效果文件 \ 12.5.7 使用动作路径 .pptx

动作路径用于自定义动画运动的路线及方向，下面介绍使用动作路径的方法。

Step 01 选中第 4 张幻灯片中的文本框，**1.** 在【动画】选项卡下的【高级动画】组中单击【添加动画】下拉按钮；**2.** 在弹出的下拉列表中选择【其他动作路径】命令，如图 12-62 所示。

Step 02 弹出【添加动作路径】对话框，**1.** 选择【六角星】命令；**2.** 单击【确定】按钮，如图 12-63 所示。

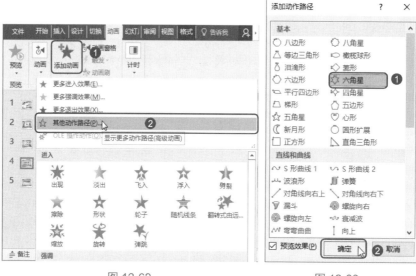

图 12-62　　　　　　　　　图 12-63

Step 03 可以看到文本框内增加了一个六角星形状，通过上述操作即可完成使用动作路径的操作，如图 12-64 所示。

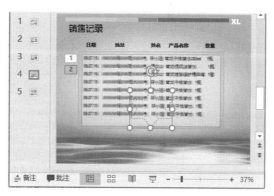

图 12-64

◆ 知识拓展

如果不再需要动画效果，用户可以将其删除，在【动画】选项卡的【高级动画】组中单击【动画窗格】按钮，在弹出的【动画窗格】窗口中用鼠标右键单击准备删除的动画效果，在弹出的快捷菜单中选择【删除】命令，即可将动画效果删除。

第 12 章　用PowerPoint 2016设计与制作幻灯片

12.6 放映演示文稿

在演示文稿的内容编辑完成后，就可以将其放映出来供观众欣赏了，为了能够达到良好的效果，在放映前还需要在电脑中对演示文稿进行一些设置，本节将介绍设置演示文稿放映的相关知识。

↑ 扫码看视频

12.6.1 设置幻灯片放映方式

素材文件：配套素材 \ 第 12 章 \ 素材文件 \ 12.6.1 设置幻灯片放映方式 .pptx

效果文件：配套素材 \ 第 12 章 \ 效果文件 \ 12.6.1 设置幻灯片放映方式 .pptx

PowerPoint 2016 为用户提供了演讲中放映、观众自行浏览放映和在展台浏览放映三种放映类型，用户可以根据具体情境自行设定幻灯片的放映类型，下面介绍设置放映方式的操作方法。

Step 01 打开演示文稿，在【幻灯片放映】选项卡下的【设置】组中单击【设置幻灯片放映】按钮，如图 12-65 所示。

Step 02 弹出【设置放映方式】对话框，**1.** 选中【在展台浏览（全屏幕）】单选按钮；**2.** 单击【确定】按钮，如图 12-66 所示。

图 12-65

图 12-66

12.6.2 隐藏不放映的幻灯片

素材文件：配套素材 \ 第 12 章 \ 素材文件 \ 12.6.2 隐藏不放映的幻灯片 .pptx

效果文件：配套素材 \ 第 12 章 \ 效果文件 \ 12.6.2 隐藏不放映的幻灯片 .pptx

用户还可以将当前幻灯片进行隐藏，下面介绍隐藏不放映的幻灯片的方法。

Step 01 打开演示文稿，选择第 5 张幻灯片，在【幻灯片放映】选项卡下的【设置】组中单击【隐藏幻灯片】按钮，如图 12-67 所示。

Step 02 可以看到在大纲区第 5 张幻灯片的缩略图被划掉，通过以上步骤即可完成隐藏不放映的幻灯片的操作，如图 12-68 所示。

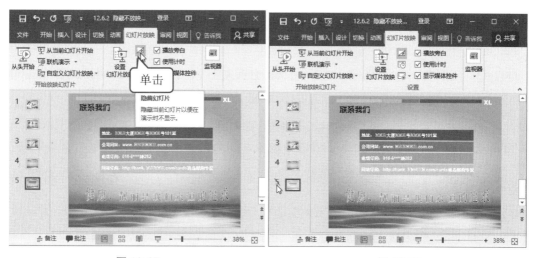

图 12-67　　　　　　　　　　　　图 12-68

12.6.3 开始放映幻灯片

素材文件：配套素材 \ 第 12 章 \ 素材文件 \ 12.6.3 开始放映幻灯片 .pptx

效果文件：无

在幻灯片设置完成后，就可以开始放映幻灯片了，下面详细介绍放映幻灯片的操作方法。

Step 01 打开演示文稿，选择第 1 张幻灯片，在【幻灯片放映】选项卡下的【开始放映幻灯片】组中单击【从头开始】按钮，如图 12-69 所示。

Step 02 进入幻灯片放映模式，演示文稿从第 1 张幻灯片开始放映，通过以上步骤即可完成放映幻灯片的操作，如图 12-70 所示。

第 12 章　用 PowerPoint 2016 设计与制作幻灯片

图 12-69

图 12-70

◆ **知识拓展**

用户还可以设置幻灯片循环播放，在【幻灯片放映】选项卡下的【设置】组中单击【设置幻灯片放映】按钮，弹出【设置放映方式】对话框，勾选【循环放映，按 ESC 键终止】复选框，单击【确定】按钮即可完成设置操作。

12.7　实践案例与上机指导

通过本章的学习，读者基本可以掌握使用 PowerPoint 2016 设计与制作幻灯片的基本知识以及一些常见的操作方法，下面通过练习操作，以达到巩固学习、拓展提高的目的。

12.7.1　保护演示文稿

当用户不希望他人随意查看或更改演示文稿时，可以对演示文稿设置访问密码，以加强演示文稿的安全性。

Step 01 打开准备打包的演示文稿，如图 12-71 所示。

图 12-71

Step 02 进入 Backstage 视图，*1.* 选择【信息】命令；*2.* 单击【保护演示文稿】下拉按钮，在弹出的下拉列表中选择【用密码进行加密】命令，如图 12-72 所示。

Step 03 弹出【加密文档】对话框，*1.* 在【密码】文本框中输入密码；*2.* 单击【确定】按钮，如图 12-73 所示。

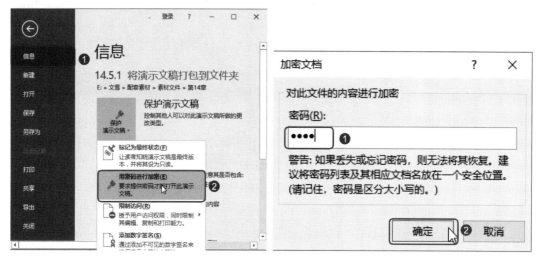

图 12-72　　　　　　　　　　　　　　图 12-73

Step 04 弹出【确认密码】对话框，*1.* 在【重新输入密码】文本框中再次输入密码，*2.* 单击【确定】按钮即可完成操作，如图 12-74 所示。

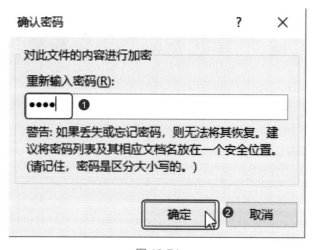

图 12-74

12.7.2 添加墨迹注释

素材文件：配套素材 \ 第 12 章 \ 素材文件 \ 12.7.2 添加墨迹注释 .pptx

效果文件：配套素材 \ 第 12 章 \ 素材文件 \ 12.7.2 添加墨迹注释 .pptx

在放映演示文稿时，如果需要对幻灯片进行讲解或标注，可以直接在幻灯片中添加墨迹注释，下面介绍添加墨迹注释的操作方法。

Step 01 全屏放映演示文稿，在幻灯片放映页面左下角单击【指针工具】图标，在弹出的菜单中选择【荧光笔】命令，如图 12-75 所示。

Step 02 将鼠标指针移动到幻灯片中，单击并拖动鼠标勾画出需要强调的内容，如图 12-76 所示。

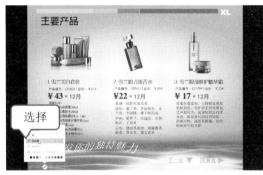
图 12-75

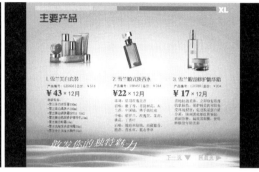
图 12-76

Step 03 按下 <Esc> 键退出全屏状态，弹出【Microsoft PowerPoint】对话框，出现"是否保留墨迹注释？"提示信息，单击【保留】按钮，如图 12-77 所示。

Step 04 返回到普通视图中，可以看到注释已经被保留，如图 12-78 所示。

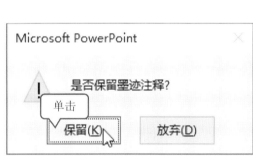
图 12-77

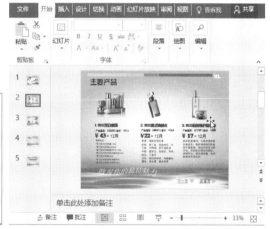
图 12-78

12.7.3 设置黑白模式

素材文件：配套素材 \ 第 12 章 \ 素材文件 \ 12.7.3 设置黑白模式 .pptx

效果文件：配套素材 \ 第 12 章 \ 素材文件 \ 12.7.3 设置黑白模式 .pptx

如果用户需要去掉演示文稿的颜色，可以将演示文稿设置为黑白模式，设置黑白模式的方法非常简单，下面详细介绍设置黑白模式的方法。

Step 01 打开演示文稿，**1.** 在【视图】选项卡中单击【颜色/灰度】下拉按钮；**2.** 在弹出的下拉列表中选择【黑白模式】命令，如图 12-79 所示。

Step 02 此时演示文稿进入黑白模式，如果想要退出该模式，可以单击【黑白模式】选项卡中的【返回颜色视图】按钮，如图 12-80 所示。

图 12-79　　　　　　　　　　　　　图 12-80

◆ 知识拓展

PowerPoint 2016 为用户提供了颜色、灰度以及黑白模式三种显示模式，颜色模式即是彩色模式，可以显示所有颜色信息；灰度模式只能显示黑白灰三种颜色；而黑白模式只能显示黑白两种颜色。

第13章

遨游精彩的互联网世界

本章要点

- 电脑连接上网的方式
- 使用 Microsoft Edge 浏览器
- 浏览网络信息
- 将喜爱的网页放入收藏夹

本章主要内容

　　本章主要介绍了电脑连接上网的方式、使用 Microsoft Edge 浏览器和浏览网络信息方面的知识与技巧，同时还讲解了如何将喜爱的网页放入收藏夹，在本章的最后还针对实际的工作需求，讲解了断开 ADSL 宽带连接、删除上网记录及使用 InPrivate 窗口的方法。通过本章的学习，读者可以掌握互联网方面的知识，为深入学习 Windows 10 和 Office 2016 知识奠定基础。

13.1 电脑连接上网的方式

↑ 扫码看视频

网络给人们的生活和工作提供了很多便利，上网的方式也是多种多样的，如拨号上网、ADSL 宽带上网、小区宽带上网、无线上网等，本节将详细介绍电脑连接上网的方式方面的知识。

13.1.1 创建与连接 ADSL 宽带连接

ADSL（Asymmetric Digital Subscriber Line，非对称数字用户环路），是目前使用比较广泛的网络连接方式，非常适合家庭、小型公司和网吧使用。ADSL 采用频分复用技术，把普通的电话线分成了电话、上行和下行三个相对独立的信道，从而避免了相互之间的干扰。如果准备使用 ADSL 宽带连接上网，则首先需要准备并安装相应的硬件和软件设施，才能保证网络的连接。下面详细介绍在 Windows 7 操作系统中，建立 ADSL 宽带连接的操作步骤。

Step 01 在电脑桌面上，**1.** 单击【开始】按钮；**2.** 在打开的【开始】屏幕中单击【设置】按钮，如图 13-1 所示。

Step 02 弹出【设置】窗口，单击【网络和 Internet】，如图 13-2 所示。

图 13-1

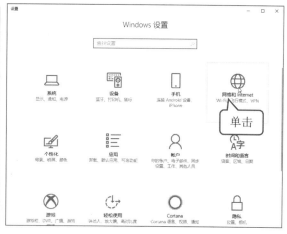

图 13-2

Step 03 进入网络和 Internet 设置界面，单击【网络中心和共享】链接项，如图 13-3 所示。

Step 04 打开【网络中心和共享】窗口，单击【设置新的连接或网络】链接项，如图 13-4 所示。

第 13 章　遨游精彩的互联网世界

图 13-3

图 13-4

Step 05 弹出【设置连接或网络】对话框，在【选择一个连接选项】区域中，**1.** 单击【连接到 Internet】链接项；**2.** 单击【下一步】按钮，如图 13-5 所示。

Step 06 弹出【连接到 Internet】对话框，系统提示"你希望如何连接？"，单击【宽带(PPPoE)】链接项，如图 13-6 所示。

图 13-5

图 13-6

Step 07 进入【键入你的 Internet 服务提供商（ISP）提供的信息】界面，**1.** 在【用户名】文本框中输入名称；**2.** 在【密码】文本框中输入密码；**3.** 单击【连接】按钮即可完成操作，如图 13-7 所示。

图 13-7

283

13.1.2 小区宽带上网

小区宽带也是常见的一种宽带接入方式，它主要采用以太局域网技术，以信息化小区的形式接入，小区局域网的特点解决了传统拨号上网方式的瓶颈问题，它的成本低、可靠性好、操作也相对简单，只需要一块网卡和一条网线即可，如果电脑的连接是小区宽带上网方式，则在【设置】窗口中显示网络连接方式为【以太网】。

13.1.3 查看网络连接状态

如果想要查看当前网络连接状态，用户只需单击任务栏右下角的网络连接按钮即可弹出网络连接状态列表，如图 13-8 所示。

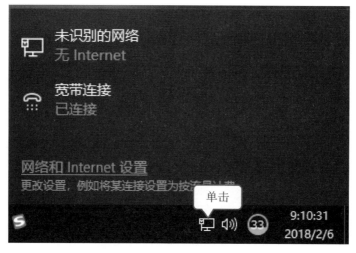

图 13-8

13.2 使用 Microsoft Edge 浏览器

2015 年 4 月 30 日，微软在旧金山举行的 Build 2015 开发者大会上宣布，其最新操作系统——Windows 10 内置代号为 "Project Spartan" 的新浏览器被正式命名为 "Microsoft Edge"。

↑ 扫码看视频

13.2.1 Microsoft Edge 浏览器的功能与设置

Microsoft Edge 浏览器的一些功能细节包括：支持内置 Cortana（微软小娜）语音功能；

内置了阅读器、笔记和分享功能；设计注重实用和极简主义；渲染引擎被称为 EdgeHT-ML。

Microsoft Edge 浏览器将使用一个"e"字符图标，这与微软 IE 浏览器自 1996 年以来一直使用的图标有点类似。区别于 IE 浏览器的主要功能为，Microsoft Edge 浏览器支持现代浏览器功能，比如扩展。

1. 打开 Microsoft Edge 浏览器

单击【开始】按钮，在【开始】屏幕中单击【Microsoft Edge】，打开 Microsoft Edge 浏览器，默认情况下，启动 Microsoft Edge 浏览器后将会打开用户设置的首页，它是进入 Internet 的起点，如图 13-9 和图 13-10 所示。

图 13-9

图 13-10

2. 关闭 Microsoft Edge 浏览器

当用户浏览网页结束后，可以将浏览器关闭，同大多数 Windows 应用程序一样，关闭 Microsoft Edge 浏览器的方法是单击窗口右上角的【关闭】按钮，也可以按下组合键 <Alt>+<F4>，或者用鼠标右键单击 Microsoft Edge 浏览器的标题栏，在弹出的快捷菜单中选择【关闭】命令。

13.2.2 Web 笔记

Web 笔记就是在浏览网页时，如果想要保存一下当前网页的信息，可以通过这个功能实现，下面介绍使用 Web 笔记的操作方法。

Step 01 在 Microsoft Edge 浏览器中打开一个网页，单击浏览器工具栏中的【添加笔记】按钮，如图 13-11 所示。

Step 02 进入添加 Web 笔记工作环境中，*1.* 单击【荧光笔】下拉按钮；*2.* 在弹出的面板中选择笔的颜色，如图 13-12 所示。

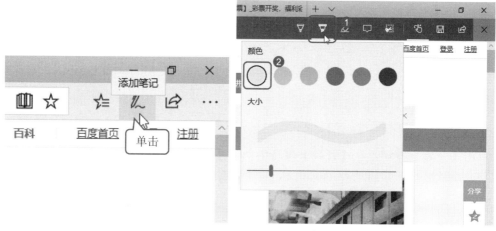

图 13-11　　　　　　　　　图 13-12

Step 03 使用荧光笔工具可以在页面中输入笔记内容，如图 13-13 所示。

Step 04 如果想要清除输入的内容，**1.** 单击【橡皮擦】按钮；**2.** 在弹出的列表中选择【擦除所有墨迹】命令，即可清除输入的内容，如图 13-14 所示。

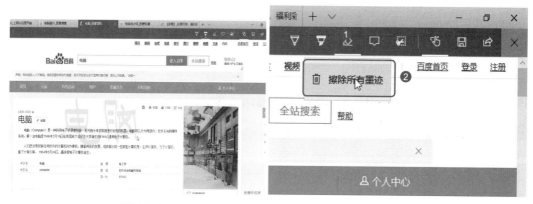

图 13-13　　　　　　　　　图 13-14

Step 05 单击【添加笔记】按钮，如图 13-15 所示。

Step 06 在网页中绘制一个文本框，可以在其中输入内容，如图 13-16 所示。

图 13-15　　　　　　　　　图 13-16

Step 07 单击【剪辑】按钮 ，如图 13-17 所示。
Step 08 进入剪辑编辑状态，按住鼠标左键并拖动鼠标至适当位置释放鼠标左键，可以复制区域，如图 13-18 所示。

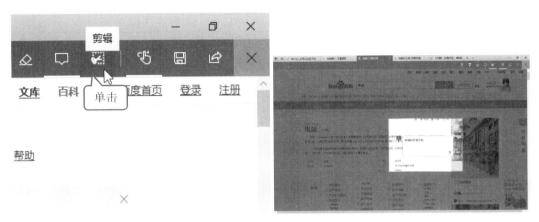

图 13-17　　　　　　　　　　　　图 13-18

Step 09 单击【保存 Web 笔记】按钮 ，在弹出的选项中单击【保存】按钮，如图 13-19 所示。
Step 10 如果想要退出 Web 笔记工作模式，单击【退出】按钮 即可，如图 13-20 所示。

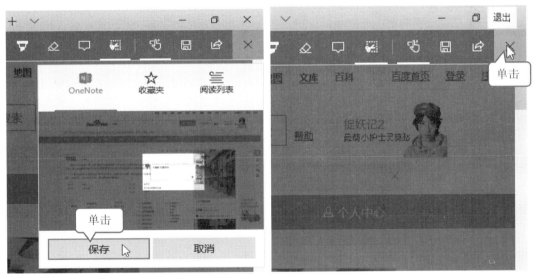

图 13-19　　　　　　　　　　　　图 13-20

13.2.3 在浏览器中使用 Cortana

Cortana 和 Microsoft Edge 浏览器可以结合起来使用，最大程度地方便用户，如当用户在 Web 上偶然发现一个自己想要了解更多相关信息的主题时，就可以询问 Cortana 找出它的所有相关信息，反之，当用户向 Cortana 询问一个问题时，Cortana 会在工作界面中列出与之相关的问题网页，用户单击相关内容，就可以在 Microsoft Edge 进行查看。

13.2.4 阅读视图

Microsoft Edge 浏览器提供阅读视图模式，可以在没有干扰（没有广告、没有网页的头标题和尾标题等，只有正文）的模式下看文章，还可以调整背景和文字大小。下面详细介绍进入阅读视图的操作方法。

Step 01 在 Microsoft Edge 浏览器中，打开一个网页，单击浏览器工具栏的【阅读模式】按钮，如图 13-21 所示。

Step 02 进入网页阅读视图模式中，可以看到此模式下除了文章之外，没有网页上其他信息，如图 13-22 所示。

图 13-21　　　　　　　　　　　图 13-22

◆ 知识拓展

单击浏览器中的【更多】下拉按钮，在弹出的下拉列表中选择【设置】命令，打开设置界面，单击【阅读视图风格】下方的下拉按钮，在弹出的下拉列表中选择【亮】命令，可以调整视图的亮度。

13.3　浏览网络信息

使用浏览器即可浏览互联网中的网页内容，从而查看到准备使用的信息。本节将介绍浏览网上信息的方法，如使用地址栏输入网址浏览网页、在网上看新闻、查看天气等方法。

↑扫码看视频

13.3.1 使用地址栏输入网址浏览网页

通过浏览器的地址栏输入网址是浏览网页最常用的方法，下面介绍通过浏览器的地址栏输入网址的操作方法。

Step 01 在 Microsoft Edge 浏览器中的地址栏上输入网站地址，在弹出的下拉列表框中单击准备打开的网址，如图 13-23 所示。

Step 02 通过以上步骤即可完成使用地址栏输入网址浏览网页的操作，如图 13-24 所示。

图 13-23　　　　　　　　　　图 13-24

13.3.2 在网上看新闻

使用 IE 浏览器，用户可以方便地在网络上浏览新闻，下面以在"网易"网页中浏览新闻为例，来介绍在网络上看新闻的操作方法。

Step 01 在 Microsoft Edge 浏览器中的地址栏上输入网站地址，在弹出的下拉列表框中单击准备打开的网址，如图 13-25 所示。

Step 02 打开【网易新闻】网页，通过以上方法即可完成在网络上看新闻的操作，如图 13-26 所示。

图 13-25　　　　　　　　　　图 13-26

13.3.3 查看天气

天气一直都是我们日常生活中比较关注的对象，特别是对于要出差或旅游的朋友来说，在出行前先查询下目的地的天气情况，可以做好必要的准备，下面详细介绍使用百度搜索在网上搜索天气预报的操作方法。

Step 01 打开百度搜索首页，在【百度一度】文本框中使用输入法输入"天气预报"，如图13-27所示。

Step 02 进入到搜索页面，显示天气预报情况，这样即可完成在网上搜索天气预报的操作，如图13-28所示。

图 13-27

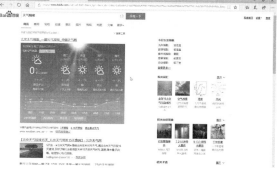
图 13-28

13.3.4 网上购物的流程及方法

网上购物流程，指的是通过互联网媒介用数字化信息完成购物交易的过程。网上购物的诸多地方不同于传统购物方式，包括挑选物品、主体身份、支付、验货等。

网上购物主要步骤包括以下几步：

一、选择购物平台；

二、注册账号；

三、挑选商品；

四、协商交易事宜；

五、填写准确详细的地址和联系方式；

六、选择支付方式；

七、收货验货；如若不满意，那么往下；

八、退换货；

九、退款；

十、维权；

十一、评价。

以淘宝为例：

首先，你要注册一个淘宝账号，然后下载一个在线聊天工具：淘宝旺旺（淘宝网也提供网页版淘宝旺旺）。登录后，可以在"我的淘宝"中先选择你要购买的商品进行查询，在查询的页面，你可以选择以商家信誉排列商品或以价格高低排列商品，这样可以一目了然地看到你所要选的商品。

然后，选定一家信誉尚可，价格较佳的商家，就你所要的商品和他详谈商品的品质、价格及售后和物流，一切谈妥后，选择支付方式，在这里推荐使用第3方支付平台支付宝，这一支付平台是你先把货款打入第3方账户，只有当你收到货时确认货品与商家承诺一致，支付宝才会把你的款项转入商家账户，这样对你购物比较有保障。你可以用网上银行给支付宝充值，如果无网上银行，可以让有网上银行的朋友给你充值，还有部分商家支持信用卡在线支付。

其次，当你收到货物后及时查验是否与卖家描述的相符合，如果没有问题的话可以就货物是否与卖家描述的相符、卖家的服务态度、卖家的发货速度对卖家进行评价，这有助于提高双方的信誉，也为其他人购物提供了参考。等到卖家对买家进行了评价后可以说这次交易就完全结束了。

网购逐渐被越来越多的人认可，网购流程主要分两大类；一类是网址导航类，主要涵盖生活的方方面面，人们可以通过这些网址导航到相应的网站去购物消费。另一个是专业的返利网站导航，如返利、惠集网等，主要涵盖各种购物网站，包括淘宝和B2C等众多的网购站点，人们可以去这些网站购物，然后获得返利网站的返利，使得网购在一定形式上优惠了不少。

网上购物三个比较麻烦的事，一是商品寻找，二是支付，三是维权。

商品寻找，有人说搜索，但大多数搜索引擎有两个缺点，局限性和趋利性。局限性指只有被搜索引擎抓到的信息才有显示；趋利性指竞价排名，打广告的并不一定就是好的东西，不打广告的你可能点击不到。而且搜索排名可以弄虚作假，难免"中套"。购物寻找官方品牌商品可以浏览官方网店大全网站，需要综合采购可以到大型的网站，规模服务比较到位，但价格不是最低。

支付，支付直接涉及到资金，所以比较烦琐。应该选择比较通用的方式进行，选择较多的是网银和第3方支付。网银是立即到账的，不宜处理善后事宜，第3方支付较好，在一定时期内款项在未完成交易（收货确认）前在第3方平台，谁也拿不到，比较好处理交易纠纷。

维权，在第3方平台约定时期内尽快处理纠纷。如若卖家不同意退货退款，当时间将近时，联系第3方客服，要求延长交付时间。如果没用第3方支付平台，那么向消费者权益电子投诉网申诉。

◆ **知识拓展**

在购买商品前，建议联系客服咨询产品的情况、运费及优惠信息等。例如在淘宝网使用淘宝旺旺联系客服。如果仅购买一件产品，在淘宝网、拍拍网等平台，可单击【立即购买】按钮直接下订单，而京东商城、1号店等平台则需要先添加到购物车，然后才可以提交订单。

13.4 将喜爱的网页放入收藏夹

↑扫码看视频

在浏览网页信息时，如果看到对自己有用的信息可以通过浏览器的收藏夹功能将网页进行收藏，这样可以方便以后浏览。下面介绍使用收藏夹的操作方法。

13.4.1 收藏喜爱的网页

将喜欢的网页添加至收藏夹的方法非常简单，下面详细介绍使用收藏夹收藏网页的操作步骤。

Step 01 在 Microsoft Edge 浏览器中打开网页，**1.** 单击【添加到收藏夹或阅读列表】按钮；**2.** 在弹出的选项中单击【保存】按钮，如图 13-29 所示。

Step 02 可以看到【添加到收藏夹或阅读列表】按钮变为实心黄色，通过以上步骤即可完成收藏网页的操作，如图 13-30 所示。

图 13-29

图 13-30

13.4.2 使用收藏夹打开网页

将网页添加到收藏夹后，就可以快速地在需要的时候打开网页，下面详细介绍打开收藏夹中网页的操作方法。

Step 01 打开 Microsoft Edge 浏览器，**1.** 单击【中心（收藏夹、阅读列表、历史记录和下载项）】按钮；**2.** 在弹出的选项中选择准备打开的网页，如图 13-31 所示。

Step 02 通过以上步骤即可完成打开收藏夹中网页的操作，如图 13-32 所示。

图 13-31　　　　　　　　　　　图 13-32

13.4.3　删除收藏夹中的网页

在浏览器的收藏夹中，用户可以删除不经常使用的网页，删除收藏夹中的网页的方法非常简单，下面介绍删除收藏夹中网页的操作方法。

Step 01 打开 Microsoft Edge 浏览器，**1.** 单击【中心（收藏夹、阅读列表、历史记录和下载项）】按钮；**2.** 在弹出的选项中用鼠标右键单击准备打开的网页，在弹出的快捷菜单中选择【删除】命令，如图 13-33 所示。

Step 02 可以看到网页已经被删除，通过以上步骤即可完成删除收藏夹中的网页的操作，如图 13-34 所示。

图 13-33　　　　　　　　　　　图 13-34

13.5 保存网页中的内容

↑扫码看视频

在浏览网页信息时,用户还可以将网页中的文章、图片等内容进行保存,以便日后查找浏览。本节将详细介绍保存网页中的文章、保存网页中的图片的方法。

13.5.1 保存网页中的文章

用户可以将网页中喜欢的文章保存,保存网页中的文章的方法非常简单,下面介绍保存网页中文章的方法。

Step 01 在浏览器中打开网页,用鼠标右键单击选中的文本内容,在弹出的快捷菜单中选择【保存为文本】命令,如图 13-35 所示。

Step 02 弹出【另存为】对话框,**1.** 选择准备保存的位置;**2.** 单击【保存】按钮即可完成保存网页中文章的操作,如图 13-36 所示。

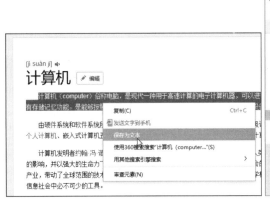
图 13-35

图 13-36

13.5.2 保存网页中的图片

用户可以将网页中喜欢的图片保存,保存网页中的图片的方法非常简单,下面介绍保存网页中图片的方法。

Step 01 在浏览器中打开网页,用鼠标右键单击准备保存的图片,在弹出的快捷菜单中选择【图片另存为】命令,如图 13-37 所示。

Step 02 弹出【另存为】对话框，**1.** 选择准备保存的位置；**2.** 在【文件名】文本框中输入名称；**3.** 单击【保存】按钮即可完成保存网页中图片的操作，如图 13-38 所示。

图 13-37

图 13-38

◆ **知识拓展**

用户除了可以保存网页中的文章和图片之外，还可以对网页进行截图操作，单击浏览器工具栏中的【截图】按钮，进入截图模式，单击并拖动鼠标绘制截图区域，至适当位置释放鼠标，即可完成截图的操作。

13.6 实践操作与应用

通过本章的学习，读者基本可以掌握互联网的基本知识以及一些常见的操作方法，下面通过练习操作，以达到巩固学习、拓展提高的目的。

13.6.1 断开 ADSL 宽带连接

如果不再想使用网络，用户可以将 ADSL 宽带连接断开，断开 ADSL 宽带连接的方法非常简单，下面详细介绍断开 ADSL 宽带连接的操作方法。

Step 01 在 Windows 10 系统桌面上的任务栏中，单击【宽带连接】按钮，在弹出的选项中选择【宽带连接】命令，如图 13-39 所示。

Step 02 打开【设置】窗口，**1.** 在【拨号】区域下方单击展开【宽带连接】选项；**2.** 在展开的选项中单击【断开连接】按钮即可完成断开 ADSL 宽带连接的操作，如图 13-40 所示。

图 13-39　　　　　　　　　　　图 13-40

13.6.2 删除上网记录

如果用户不希望他人在使用电脑时查看自己的上网记录，可以在浏览网页后将上网记录删除，下面详细介绍删除浏览器中上网记录的操作方法。

Step 01 在浏览器中单击【打开菜单】按钮，在弹出的菜单中选择【清除上网痕迹】命令，如图 13-41 所示。

Step 02 弹出【清除上网痕迹】对话框，**1.** 勾选准备清除的内容的复选框 **2.** 单击【立即清理】按钮即可完成删除上网记录的操作，如图 13-42 所示。

图 13-41　　　　　　　　　　　图 13-42

13.6.3 使用 InPrivate 窗口

InPrivate 浏览可以使用户在互联网中进行操作时不留下任何隐私信息痕迹，用于防止其他电脑用户查看该用户访问的网站内容和查看的信息内容。若要结束 InPrivate 浏览，请关闭该浏览器窗口。设置 InPrivate 浏览的方法非常简单，下面介绍在 Microsoft Edge 浏览器中使用 InPrivate 浏览的操作方法。

Step 01 在 Microsoft Edge 浏览器中单击【设置及更多】按钮，在弹出的菜单中选择【新 InPrivate 窗口】命令，如图 13-43 所示。

Step 02 进入 InPrivate 网页，在这个网页之后打开的网页都将处于 InPrivate 浏览状态，通过上述操作即可启用 InPrivate 浏览器，如图 13-44 所示。

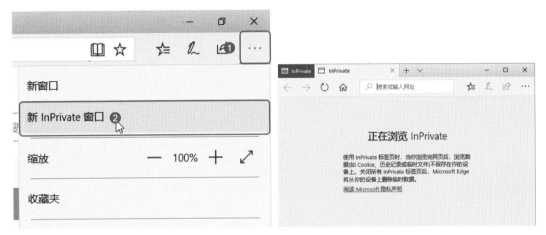

图 13-43　　　　　　　　　　　　图 13-44

第14章

搜索与下载网络资源

本章要点

- 认识网络搜索引擎
- 百度搜索引擎
- 下载网上的软件资源

本章主要内容

本章主要介绍了网络搜索引擎、百度搜索引擎方面的知识与技巧，同时还讲解了如何下载网上的软件资源，在本章的最后还针对实际的工作需求，讲解了显示与隐藏功能区使用搜狐首页搜索信息、使用360安全卫士下载文件的方法。通过本章的学习，读者可以掌握搜索与下载网络资源方面的知识，为深入学习 Windows 10 和 Office 2016 奠定基础。

14.1 认识网络搜索引擎

↑ 扫码看视频

搜索引擎（Search Engine）是指根据一定的策略、运用特定的电脑程序从互联网上搜集信息，在对信息进行组织和处理后，为用户提供检索服务，将用户检索到的相关信息展示给用户系统。

14.1.1 搜索引擎的工作原理

搜索引擎的工作原理包括如下三个过程：首先在互联网中发现、搜集网页信息；然后对信息进行提取和组织建立索引库；再由检索器根据用户输入的查询关键字，在索引库中快速检出文档，进行文档与查询的相关度评价，对将要输出的结果进行排序，并将查询结果返回给用户。

1. 抓取网页

每个独立的搜索引擎都有自己的网页抓取程序爬虫（Spider）。爬虫顺着网页中的超链接，从这个网站爬到另一个网站，通过超链接分析并抓取更多网页，被抓取的网页被称之为网页快照。由于互联网中超链接的应用很普遍，理论上，从一定范围的网页出发，就能搜集到绝大多数的网页。

2. 处理网页

搜索引擎抓取到网页后，还要做大量的预处理工作才能提供检索服务。其中，最重要的就是提取关键词、建立索引库和索引，其他还包括去除重复网页、分词（中文）、判断网页类型、分析超链接、计算网页的重要度/丰富度等。

3. 提供检索服务

用户输入关键词进行检索，搜索引擎从索引数据库中找到匹配该关键词的网页，为了用户便于判断，除了网页标题和网址外，还会提供一段来自网页的摘要以及其他信息。

14.1.2 常用的搜索引擎

一个搜索引擎由搜索器、索引器、检索器和用户接口四个部分组成。搜索器的功能是在互联网中漫游、发现和搜集信息；索引器的功能是理解搜索器所搜索的信息，从中抽取出索引项，用于表示文档以及生成文档库的索引表；检索器的功能是根据用户的查询在索引库中快速检出文档，进行文档与查询的相关度评价，对将要输出的结果进行排序，并实现某种用户相关性反馈机制；用户接口的作用是输入用户查询、显示查询结果、提供用户相关性反馈机制。

目前，常用的搜索引擎有：百度、360、搜搜、搜狗、有道、必应、网易等。

◆ 知识拓展

1990年，加拿大麦吉尔大学（University of McGill）计算机学院的师生开发出了Archie。当时，万维网（World Wide Web）还没有出现，人们通过FTP来共享交流资源。Archie能定期搜集并分析FTP服务器上的文件名信息，提供查找分别在各个FTP主机中的文件。用户必须输入精确的文件名进行搜索，Archie告诉用户哪个FTP服务器能下载该文件。Archie被公认为现代搜索引擎的鼻祖。

14.2 百度搜索引擎

百度搜索引擎是全球最大的中文搜索引擎，2000年1月由李彦宏、徐勇两人创立于北京中关村，致力于向人们提供"简单、可依赖"的信息获取方式。"百度"二字源于中国宋朝词人辛弃疾的《青玉案》诗句："众里寻他千百度"，象征着百度对中文信息检索技术的执着追求。

↑扫码看视频

14.2.1 搜索网页信息

百度搜索引擎将各种资料信息进行整合处理，当用户需要哪方面的资料时，在百度搜索引擎中输入资料主要信息即可找到需要的资料，下面介绍搜索网页信息的操作方法。

Step 01 打开浏览器，在导航页中单击【百度】链接，如图14-1所示。

图14-1

Step 02 在弹出的百度网页窗口中，在【百度一下】文本框中输入准备搜索的信息内容，如图 14-2 所示。

Step 03 在弹出的网页窗口中，显示着百度所检索出的信息，单击【优酷 - 这世界很酷】链接，如图 14-3 所示。

图 14-2　　　　　　　　　　图 14-3

Step 04 进入优酷网首页，通过以上步骤即可完成使用百度搜索引擎搜索网页信息的操作，如图 14-4 所示。

图 14-4

14.2.2 搜索图片

百度图片搜索引擎是世界上最大的中文图片搜索引擎，百度从 8 亿中文网页中提取各类图片，建立了世界第一的中文图片库。下面介绍利用百度图片搜索图片的操作方法。

Step 01 打开浏览器，在导航页中单击【百度】链接，如图 14-5 所示。

图 14-5

Step 02 弹出百度网页窗口，将鼠标指针移至窗口右侧的【更多产品】按钮，在弹出的菜单中单击【图片】按钮，如图 14-6 所示。

Step 03 进入百度图片网页窗口，在【搜索】文本框中输入信息即可搜索图片，如图 14-7 所示。

图 14-6　　　　　　　　　　　　　图 14-7

14.2.3 搜索音乐

百度音乐是中国音乐门户之一，下面介绍利用百度音乐搜索音乐的操作方法。

Step 01 打开浏览器，在导航页中单击【百度】链接，如图 14-8 所示。

Step 02 弹出百度网页窗口，将鼠标指针移至窗口右侧的【更多产品】按钮，在弹出的菜单中单击【音乐】按钮，如图 14-9 所示。

图 14-8　　　　　　　　　　　　　图 14-9

Step 03 进入百度音乐网页窗口，在【百度一下】文本框中输入信息即可搜索音乐，如图 14-10 所示。

第 14 章 搜索与下载网络资源

图 14-10

◆ 知识拓展

百度音乐在重视并支持正版的事业上付出了巨大努力，同时也开始与民间独立音乐人的世界接轨，百度音乐人社区融合了多方优秀的音乐制作人、原创艺人、草根艺人，百度音乐将这些音乐整合打包向用户输出，也更加体现了对原创音乐的支持和推广。

14.3 下载网上的软件资源

网络就像一个虚拟的世界，在网络中用户可以搜索到几乎所有的资源，当自己遇到想要保存的数据时，就需要将其从网络中下载到自己的电脑硬盘中。

↑扫码看视频

14.3.1 使用浏览器下载

使用浏览器下载是最普通的一种下载方式，但是这种下载方式不支持断点续传。一般情况下只在下载小文件时使用。下面以下载单机小游戏为例介绍使用浏览器下载文件的方法。

Step 01 在浏览器中打开准备下载的小游戏所在的网页，单击【电脑版下载】按钮，如图 14-11 所示。

Step 02 弹出【新建下载任务】对话框，**1.** 在【下载到】文本框中选择保存位置；**2.** 单击【下

303

载】按钮，如图 14-12 所示。

图 14-11　　　　　　　　　　图 14-12

Step 03 下载完成，在弹出的对话框中单击【文件夹】按钮即可查看下载的小游戏，通过以上步骤即可完成操作，如图 14-13 所示。

图 14-13

14.3.2　使用迅雷下载

迅雷是一个下载软件，迅雷本身并不支持上传资源，它只是一个提供下载的工具。下面以下载电影为例，详细介绍使用迅雷下载文件的操作方法。

Step 01 打开迅雷，在搜索框中输入电影名称，在弹出的下拉列表中选择一个选项，如图 14-14 所示。

图 14-14

Step 02 进入搜索结果页面，单击一个网页链接，如图 14-15 所示。
Step 03 进入下载地址链接页面，单击【迅雷下载】按钮，如图 14-16 所示。

图 14-15　　　　　　　　　　　　　　图 14-16

Step 04 弹出【新建任务】对话框，单击【立即下载】按钮，如图 14-17 所示。
Step 05 在迅雷界面左侧可以看到电影已经下载完成，通过以上步骤即可完成使用迅雷下载文件的操作，如图 14-18 所示。

图 14-17　　　　　　　　　　　　　　图 14-18

14.4　实践操作与应用

通过本章的学习，读者基本可以掌握搜索与下载网络资源的基本知识以及一些常见的操作方法，下面通过练习操作，以达到巩固学习、拓展提高的目的。

14.4.1　使用搜狐首页搜索信息

1995 年搜狐创始人张朝阳从美国麻省理工学院毕业回到中国，利用风险投资创办了爱特信信息技术有限公司，1998 年正式成立搜狐网。下面介绍使用搜狐网首页搜索信息的方法。

Step 01 打开浏览器,在导航页中单击【搜狐】链接,如图 14-19 所示。

Step 02 打开搜狐首页,用户可以在其中搜索自己想要的资讯,或者单击关键词超链接,如图 14-20 所示。

图 14-19　　　　　　　　　　　　　图 14-20

14.4.2　使用 360 安全卫士下载文件

　　360 安全卫士是一款由奇虎 360 公司推出的功能强、效果好、受用户欢迎的安全杀毒软件。360 安全卫士拥有查杀木马、清理插件、修复漏洞、电脑体检、电脑救援、保护隐私、电脑专家、清理垃圾、清理痕迹等多种功能。下面详细介绍使用 360 安全卫士下载文件的操作方法。

Step 01 打开 360 安全卫士,单击【软件管家】按钮,如图 14-21 所示。

图 14-21

Step 02 打开软件管家窗口,在搜索框中输入准备下载的软件名称,单击【搜索】按钮,如图 14-22 所示。

第 14 章 搜索与下载网络资源

Step 03 进入搜索结果页面，单击【一键安装】按钮，如图 14-23 所示。

图 14-22　　　　　　　　　　　　　　图 14-23

Step 04 安装完成，单击【立即开启】按钮即可打开安装的软件，通过以上步骤即可完成操作，如图 14-24 所示。

图 14-24

第15章

上网通信与娱乐

本章要点

- 上网收发电子邮件
- 用 QQ 聊天
- 用电脑玩微信
- 刷微博

本章主要内容

本章主要介绍了上网收发电子邮件、用 QQ 聊天和用电脑玩微信方面的知识与技巧，同时还讲解了如何刷微博，在本章的最后还针对实际的工作需求，讲解了管理 QQ 好友、一键锁定 QQ 的方法。通过本章的学习，读者可以掌握上网通信与娱乐方面的知识，为深入学习 Windows 10 和 Office 2016 知识奠定基础。

15.1 上网收发电子邮件

↑扫码看视频

电子邮件的英文名称叫 E-mail，是一种使用电子手段提供信息交换的通信方式。在互联网中，使用电子邮件可以与世界各地的朋友进行通信交流。本节将介绍上网收发电子邮件方面的知识。

15.1.1 申请电子邮箱

在使用邮箱前应申请电子邮箱，申请电子邮箱的方法非常简单，下面以申请网易电子邮箱的操作方法为例介绍申请电子邮箱的方法。

Step 01 在浏览器中进入网易网页，单击【注册免费邮箱】按钮，如图 15-1 所示。

Step 02 进入注册邮箱界面，*1.* 选择【注册手机号码邮箱】选项；*2.* 填写基本信息；*3.* 单击【立即注册】按钮，如图 15-2 所示。

图 15-1　　　　　　　　　　　　图 15-2

Step 03 网页跳转至申请成功页面，提示注册成功信息，通过以上步骤即可完成申请网易免费邮箱的操作，如图 15-3 所示。

图 15-3

15.1.2 登录电子邮箱

在申请完电子邮箱后，就可以登录电子邮箱了，下面详细介绍登录电子邮箱的操作。

Step 01 在邮箱登录网页中，**1.** 输入邮箱名和密码；**2.** 单击【登录】按钮，如图 15-4 所示。

Step 02 进入邮箱页面，通过以上步骤即可完成登录电子邮箱的操作，如图 15-5 所示。

图 15-4　　　　　　　　　　　　　图 15-5

15.1.3 撰写并发送电子邮件

如果知道亲友的电子邮箱地址，在自己的电子邮箱中撰写电子邮件后即可给亲友发送电子邮件，从而与亲友保持联系，下面介绍撰写并发送电子邮件的操作方法。

Step 01 登录电子邮箱页面，单击【写信】按钮，如图 15-6 所示。

Step 02 进入写信页面，**1.** 在【收件人】文本栏输入邮箱地址；**2.** 在【主题】文本栏输入主题内容；**3.** 在文本框中输入信的主题内容；**4.** 单击【发送】按钮，如图 15-7 所示。

图 15-6

图 15-7

Step 04 进入提示发送成功页面，通过以上步骤即可完成撰写并发送电子邮件的操作，如图 15-8 所示。

图 15-8

◆ **知识拓展**

在文本框中编写电子邮件的正文内容后，用户还可以设置正文的字体、字号大小、倾斜和加粗、信纸样式、对齐方式等内容，还可以单击【添加附件】按钮，添加文件发送给对方。

15.2 用 QQ 聊天

↑ 扫码看视频

腾讯 QQ 是腾讯公司开发的一款基于 Internet 的即时通信软件。腾讯 QQ 支持在线聊天、视频通话、点对点断点续传文件、共享文件、网络硬盘、自定义面板、QQ 邮箱等多种功能，并可与多种通信终端相连。本节详细介绍使用 QQ 聊天的方法。

15.2.1 申请 QQ 号码

在使用 QQ 软件进行网上聊天前，需要申请个人 QQ 号码，通过这个号码可以拥有个人在网络上的身份，从而使用 QQ 聊天软件与好友进行网上聊天，下面具体介绍申请 QQ 号码的操作方法。

Step 01 启动 QQ 程序，进入 QQ 登入界面，单击【注册账号】超链接，如图 15-9 所示。

Step 02 程序会自动启动浏览器并打开欢迎注册 QQ 网页，**1.** 填写基本信息；**2.** 单击【立即注册】按钮，如图 15-10 所示。

图 15-9

图 15-10

Step 03 申请成功，获得 QQ 号码，如图 15-11 所示。

图 15-11

15.2.2 登录 QQ

申请并获得 QQ 账号后，使用此账号即可登录 QQ 聊天软件，下面将详细介绍登录

QQ 的操作方法。

Step 01 在桌面中双击【腾讯 QQ】快捷方式图标，如图 15-12 所示。

Step 02 弹出【QQ】对话框，**1.** 在账号文本框中输入 QQ 号码；**2.** 在密码文本框中输入 QQ 密码；**3.** 单击【登录】按钮，如图 15-13 所示。

图 15-12　　　　　　图 15-13

Step 03 通过以上步骤即可完成登录操作，如图 15-14 所示。

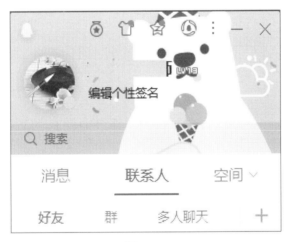

图 15-14

15.2.3 查找与添加好友

通过 QQ 聊天软件可以与远方的亲友进行聊天，但在进行聊天前，需要添加 QQ 好友，下面详细介绍添加好友的操作方法。

Step 01 在 QQ 程序的主界面中，单击下方的【加好友】按钮，如图 15-15 所示。

Step 02 弹出【查找】界面，**1.** 在文本框中输入好友的 QQ 号码；**2.** 单击【查找】按钮，如图 15-16 所示。

图 15-15

图 15-16

Step 03 界面显示已经找到的 QQ 账号，单击【+好友】按钮，如图 15-17 所示。

Step 04 弹出【添加好友】对话框，单击【下一步】按钮，如图 15-18 所示。

图 15-17

图 15-18

Step 05 进入设置备注和分组界面，**1.** 在【分组】下拉列表中选择【我的好友】选项；**2.** 单击【下一步】按钮，如图 15-19 所示。

Step 06 界面提示好友添加请求已发送成功，正在等待对方确认，单击【完成】按钮即可完成操作，如图 15-20 所示。

图 15-19　　　　　　　　　　　　　图 15-20

15.2.4 与好友在线聊天

QQ 作为一款即时通信社交软件，最主要的功能就是与好友进行聊天，聊天分为纯文字聊天和视频聊天，QQ 的智能手机版还可以进行语音聊天。使用 QQ 聊天的常用方式是文字聊天，下面介绍与好友进行文字聊天的方法。

Step 01 在 QQ 程序的主界面中，双击准备进行聊天的 QQ 好友头像，如图 15-21 所示。

Step 02 打开与该好友的聊天窗口，在【发送信息】文本框中使用输入法输入文本信息，如图 15-22 所示。

图 15-21

图 15-22

Step 03 单击【发送】按钮向好友发送信息，如图 15-23 所示。

Step 04 等待好友回复信息，通过以上步骤即可完成与好友进行文字聊天的操作，如图 15-24 所示。

图 15-23　　　　　　　　　　图 15-24

15.2.5 视频聊天

除了使用文字在 QQ 上进行交流外，用户还可以通过视频聊天来进行交流，下面介绍使用 QQ 进行视频聊天的操作方法。

Step 01 打开与该好友的聊天窗口，单击【发起视频通话】按钮，如图 15-25 所示。

Step 02 弹出视频通话窗格，显示正在呼叫好友状态，如图 15-26 所示。

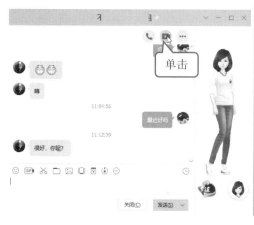

图 15-25

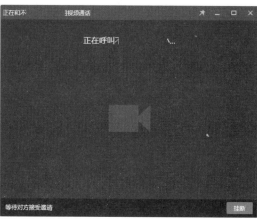

图 15-26

Step 03 对方接受邀请后即可建立视频聊天连接，通过麦克风说话，双方就可以进行语音聊天了，如果用户想要结束通话，单击【挂断】按钮，如图 15-27 所示。

Step 04 返回到文字聊天窗口，窗口中显示刚刚视频通话的时长，如图 15-28 所示。

图 15-27

图 15-28

15.2.6 使用 QQ 发送图片

使用 QQ 还可以向好友发送图片和文件等资料，下面介绍向好友发送图片的方法。

Step 01 打开与该好友的聊天窗口，*1.* 单击【发送图片】按钮；*2.* 在弹出的选项中选择【发送本地图片】命令，如图 15-29 所示。

Step 02 弹出【打开】对话框，**1.** 选择图片存储的位置；**2.** 选中准备发送的图片；**3.** 单击【打开】按钮，如图 15-30 所示。

图 15-29　　　　　　　　　　　　　图 15-30

Step 03 图片发送至聊天窗口中的【接收消息】文本框中，单击【发送】按钮，如图 15-31 所示。

Step 04 通过以上步骤即可完成发送图片的操作，如图 15-32 所示。

图 15-31　　　　　　　　　　　　　图 15-32

◆ **知识拓展**

除了向好友发送图片之外，用户还可以使用 QQ 进行实时截图，并将截图发送给好友，单击【截图】按钮即可进行截图。在聊天窗口中单击【传送文件】按钮，在弹出的【打开】对话框中，选择准备传送的图片，单击【打开】按钮，同样可以将图片发送给好友，好友接收后需要打开该文件才能看到图片。

15.3 用电脑玩微信

微信是一种移动通信聊天软件,目前主要应用在智能手机上,支持发送语音短信、视频、图片和文字,可以进行群聊。微信除了手机版外,还有PC(电脑)版,使用PC版微信可以在电脑上进行聊天。

↑扫码看视频

15.3.1 微信网页版

微信(WeChat)是腾讯公司于2011年1月21日推出的一个为智能终端提供即时通信服务的免费应用程序,由张小龙所带领的腾讯广州研发中心产品团队打造。微信支持跨通信运营商、跨操作系统平台通过网络快速发送免费(需消耗少量网络流量)语音短信、视频、图片和文字,同时,也可以使用通过共享流媒体内容的资料和基于位置的社交插件"摇一摇""朋友圈""公众平台""语音记事本"等服务插件。

微信网页版是微信首次进入PC电脑领域,微信手机版和网页版打通之后,就可以直接在网页浏览器里收发消息,甚至是在电脑和手机之间传输文件、图片。

Step 01 在浏览器中打开微信网页版的首页,提示使用手机上的微信扫一扫进行扫描二维码的操作,打开手机使用微信扫一扫扫描二维码,如图15-33所示。

Step 02 登录到微信网页版,左侧显示微信好友列表,如图15-34所示。

图 15-33

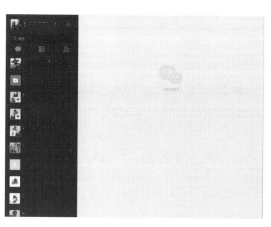

图 15-34

Step 03 单击好友名称即可打开与之聊天的窗口,在下方输入窗格中输入内容,单击【发送】按钮,如图 15-35 所示。

Step 04 可以看到文字已经发送,**1.** 单击【表情】按钮;**2.** 在弹出的表情库中选择一个表情,如图 15-36 所示。

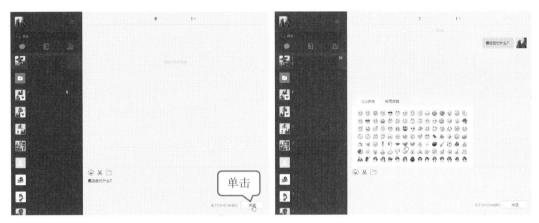

图 14-35　　　　　　　　　　　图 14-36

Step 05 表情已经被选择,单击【发送】按钮,如图 15-37 所示。

Step 06 可以看到表情已经发送,通过以上步骤即可完成使用微信网页版的操作,如图 15-38 所示。

图 15-37　　　　　　　　　　　图 15-38

15.3.2 微信 PC 版

用户除了在网页上使用微信外,还可以下载微信 PC 版来使用,下面详细介绍下载与使用微信 PC 版的操作方法。

Step 01 在浏览器中打开微信 PC 版的官方下载页面,单击【下载】按钮,如图 15-39 所示。

Step 02 弹出【新建下载任务】对话框,**1.** 在【下载到】为文本框中选择文件存储的位置;**2.** 单击【下载】按钮,如图 15-40 所示。

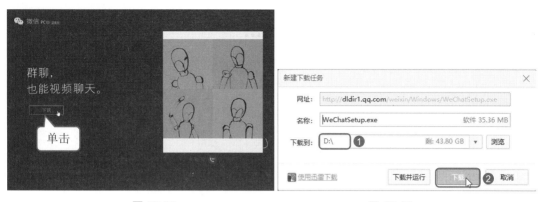

图 15-39　　　　　　　　　　　　图 15-40

Step 03 下载完成，弹出【下载】对话框，单击【文件夹】按钮，打开文件所在位置，如图 15-41 所示。

Step 04 打开微信下载到的文件夹，双击打开微信程序，如图 15-42 所示。

图 15-41　　　　　　　　　　　　图 15-42

Step 05 弹出微信安装向导，单击【安装微信】按钮，如图 15-43 所示。

Step 06 等待一段时间，完成安装，单击【开始使用】按钮，如图 15-44 所示。

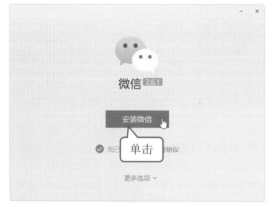 

图 15-43　　　　　　　　　　　　图 15-44

Step 07 弹出"请使用微信扫一扫以登录"二维码，使用手机进行扫描，如图 15-45 所示。

Step 08 打开微信 PC 版，PC 版与网页版聊天的使用方法相同，这里不再赘述，通过以上步骤即可完成下载并使用微信 PC 版的操作，如图 15-46 所示。

图 15-45   图 15-46

◆ 知识拓展

微信和 QQ 一样，除了可以进行文字信息聊天外，还可以进行视频和语音聊天，在聊天窗口中单击【视频聊天】按钮，随即弹出一个与好友聊天的视频请求窗格，对方确认接受视频聊天的请求后，即可开始与对方的视频聊天。

15.4 刷 微 博

微博是一个由新浪网推出，提供微型博客服务类的社交网站。用户可以通过网页、WAP 页面、手机客户端、手机短信、彩信发布消息或上传图片。用户可以将看到的、听到的、想到的事情写成一句话，或发一张图片，通过电脑或者手机随时随地分享给朋友，一起分享、讨论。

↑扫码看视频

15.4.1 发布微博

微博开通之后，就可以在微博中发表微博言论了。下面详细介绍在新浪微博中发表自己的微博的操作方法。

Step 01 在浏览器中打开微博登录页面，**1.** 在【账号】文本框中输入账号；**2.** 在【密码】文本框中输入密码；**3.** 单击【登录】按钮，如图 15-47 所示。

Step 02 进入自己的新浪微博首页，在"有什么新鲜事想告诉大家？"文本框中输入内容，如图 15-48 所示。

图 15-47　　　　　　　　　　　　图 15-48

Step 03 输入完成，单击【发布】按钮，如图 15-49 所示。

Step 04 可以看到刚刚发布的微博已经显示在首页中，通过以上步骤即可完成发布微博的操作，如图 15-50 所示。

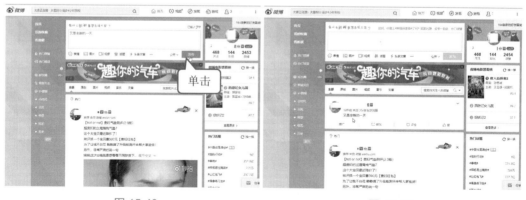

图 15-49　　　　　　　　　　　　图 15-50

15.4.2 添加关注

微博开通之后，可以在微博中添加想要关注的人。下面详细介绍在微博中添加想要关注的人的操作方法。

Step 01 在微博首页单击【搜索】按钮，如图 15-51 所示。
Step 02 进入微博搜索页面，**1.** 选择【找人】选项；**2.** 在文本框中输入关键词；**3.** 单击【搜索】按钮，如图 15-52 所示。

图 15-51　　　　　　　　　　　图 15-52

Step 03 显示搜索结果，在搜索列表中，在需要关注的账号后面单击【关注】按钮，如图 15-53 所示。
Step 04 弹出【关注成功】对话框，**1.** 在【备注名称】文本框中输入内容；**2.** 单击【保存】按钮即可完成操作，如图 15-54 所示。

图 15-53　　　　　　　　　　　图 15-54

15.4.3 转发并评论

用户可以对自己感兴趣的微博进行评论并转发，下面详细介绍评论并转发微博的操作方法。

Step 01 在准备转发的微博下面单击【转发】按钮，如图 15-55 所示。

Step 02 弹出【转发微博】对话框，*1.* 在"转发到"区域选择【我的微博】选项卡；*2.* 在文本框中输入内容；*3.* 勾选【同时评论给】复选框；*4.* 单击【转发】按钮即可完成评论并转发微博的操作，选择如图 15-56 所示。

图 15-55　　　　　　　　　　图 15-56

15.4.4 发起话题

用户也可以在微博中发起话题并与好友一起讨论，下面详细介绍在微博中发起话题的操作方法。

Step 01 在"有什么新鲜事想告诉大家？"文本框下面单击【话题】超链接，如图 15-57 所示。

图 15-57

Step 02 在弹出的信息框中单击【插入话题】按钮，如图 15-58 所示。

Step 03 在"有什么新鲜事想告诉大家?"文本框中的两个"#"中间输入想要说的话题,单击【发布】按钮即可完成话题的发布,如图 15-59 所示。

图 15-58　　　　　　　　图 15-59

◆ 知识拓展

用户还可以在发布微博时 @ 自己的微博好友,在"有什么新鲜事想告诉大家?"文本框中输入微博内容,然后输入 @ 符号,微博会自动弹出好友列表,用户可以在其中选择准备 @ 的好友。

15.5 实践操作与应用

通过本章的学习,读者基本可以掌握上网通信与娱乐的基本知识以及一些常见的操作方法,下面通过练习操作,以达到巩固学习、拓展提高的目的。

15.5.1 管理 QQ 好友

在 QQ 的使用过程中,用户可以管理自己的 QQ 好友,将其划分在不同的小组中以方便查找,下面详细介绍管理 QQ 好友的操作方法。

Step 01 打开 QQ 主界面,在空白处单击鼠标右键,在弹出的快捷菜单中选择【添加分组】命令,如图 15-60 所示。

Step 02 可以看到新增加了一个"未命名"分组,分组的名称处于被选中状态,使用输入法输入新名称,按下 <Enter> 键,如图 15-61 所示。

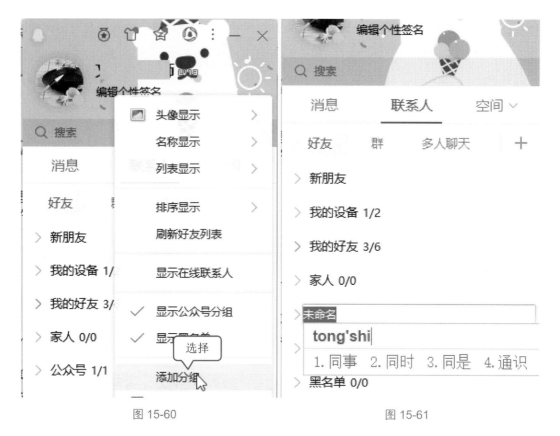

图 15-60　　　　　　　　图 15-61

Step 03 新增加的分组已经重命名，用鼠标右键单击准备移动的好友，在弹出的快捷菜单中选择【移动联系人至】→【同事】命令，如图 15-62 所示。

Step 04 好友已经被移至新添加的分组中，如图 15-63 所示。

图 15-62　　　　　　　　图 15-63

15.5.2 一键锁定 QQ

在自己有事离开电脑时,如果担心别人看到自己的QQ聊天信息,用户可以将QQ锁定,防止别人窥探 QQ 聊天记录,下面详细介绍一件锁定 QQ 的操作方法。

Step 01 打开 QQ 主界面,按下 <Ctrl>+<Alt>+<L> 组合键,弹出系统提示框,**1.** 选择【使用独立密码解锁 QQ 锁】单选项;**2.** 在【输入密码】文本框中输入密码;**3.** 在【确认密码】文本框中再次输入密码;**4.** 单击【确定】按钮,如图 15-64 所示。

Step 02 QQ 进入锁定状态,如果想要解锁单击【解锁】按钮,如图 15-65 所示。

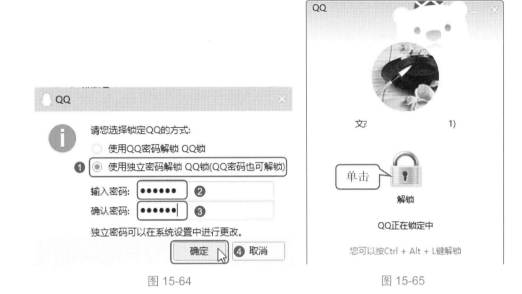

图 15-64　　　　　　　　图 15-65

Step 03 弹出【解锁密码】文本框,**1.** 输入密码;**2.** 单击【确定】按钮,如图 15-66 所示。

图 15-66

第16章

电脑常用的工具软件

本章要点

- 图片浏览软件——ACDSee
- 视频播放软件——暴风影音
- 系统性能测试软件——鲁大师

本章主要内容

本章主要介绍图片浏览软件——ACDSee、视频播放软件——暴风影音的知识与技巧，同时还讲解了如何使用系统性能测试软件——鲁大师，在本章的最后还针对实际的工作需求，讲解了使用 ACDSee 批量重命名图片、设置暴风影音截图路径的方法。通过本章的学习，读者可以掌握电脑常用工具软件方面的知识，为深入学习 Windows 10 和 Office 2016 知识奠定基础。

16.1 图片浏览软件——ACDSee

ACDSee图片浏览软件是使用最为广泛的看图软件之一。ACDSee看图软件功能十分强大，不仅打开图像速度快，更支持JEPG、ICO、PNG、XBM等二十余种图像格式。本节将详细介绍图片浏览软件——ACDSee的知识。

↑扫码看视频

16.1.1 浏览电脑中的图片

ACDSee图片浏览软件拥有良好的操作界面、优质的快速图形解码方式以及强大的图形文件管理等功能。使用该软件可以更加方便快捷地浏览各种图片，下面介绍使用ACDSee浏览图片的操作方法。

Step 01 打开ACDSee程序，**1.** 单击【文件】按钮；**2.** 在弹出的菜单中选择【打开】命令，如图16-1所示。

Step 02 弹出【打开文件】对话框，**1.** 选中准备打开的图片；**2.** 单击【打开】按钮，如图16-2所示。

图 16-1　　　　　　　　图 16-2

Step 03 图片被打开，通过以上步骤即可完成使用ACDSee浏览图片的操作，如图16-3所示。

图 16-3

16.1.2 转换图片格式

用户还可以使用 ACDSee 转换图片的格式，下面详细介绍使用 ACDSee 转换图片格式的操作方法。

Step 01 使用 ACDSee 程序打开图片，**1.** 单击【文件】按钮；**2.** 在弹出的菜单中选择【另存为】命令，如图 16-4 所示。

Step 02 弹出【图像另存为】对话框，**1.** 在【保存类型】下拉列表框中选择一个文件类型；**2.** 单击【保存】按钮即可完成转换图片格式的操作，如图 16-5 所示。

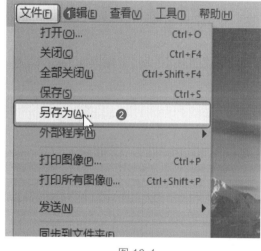

图 16-4

图 16-5

◆ 知识拓展

使用 ACDSee 打开图片后，单击【编辑】按钮，弹出【编辑模式】菜单，菜单中包括选择范围、修复、添加、几何形状、曝光/光线、颜色、细节 7 个选项，用户可以对图片进行具体的编辑操作。

16.2 视频播放软件——暴风影音

↑扫码看视频

暴风影音是暴风网际公司推出的一款视频播放器，该播放器兼容大多数的视频和音频格式，拥有高清的播放画质，同时大幅降低了系统资源占用率，进一步提高了在线高清视频播放的流畅度，本节将详细介绍关于使用暴风影音播放视频方面的知识。

16.2.1 播放本地视频

使用暴风影音可以播放本地视频，下面详细介绍使用暴风影音播放本地视频的方法。

Step 01 启动暴风影音程序，单击【打开文件】按钮，如图 16-6 所示。

Step 02 弹出【打开】对话框，*1.* 选择文件所在位置；*2.* 选中文件；*3.* 单击【打开】按钮，如图 16-7 所示。

图 16-6

图 16-7

Step 03 暴风影音开始播放本地视频，如图 16-8 所示。

图 16-8

16.2.2 播放在线视频

使用暴风影音还可以播放在线视频，下面详细介绍使用暴风影音播放在线视频的操作方法。

Step 01 启动暴风影音程序，**1.** 在搜索框中输入内容；**2.** 单击【搜索】按钮，如图 16-9 所示。

Step 02 显示搜索结果，单击准备观看的视频下方的【播放】按钮，如图 16-10 所示。

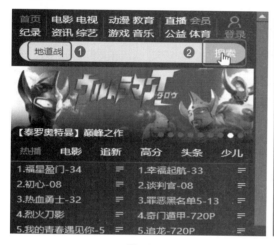
图 16-9

图 16-10

Step 03 开始播放视频，通过以上步骤即可完成使用暴风影音播放在线视频的操作，如图 16-11 所示。

图 16-11

◆ 知识拓展

用鼠标右键单击暴风影音屏幕，在弹出的快捷菜单中用户可以设置视频的显示比例，有原始比例、16:9 比例、4:3 比例、铺满播放窗格、0.5 倍、1.0 倍（原始尺寸）、1.5 倍、2.0 倍等可供用户选择。

16.3 系统性能测试软件——鲁大师

↑扫码看视频

鲁大师是一款能轻松辨别电脑硬件真伪的软件,可以向用户提供中文厂商信息,并且能够保护电脑稳定运行、优化清理系统和提升电脑运行速度,本节将介绍使用鲁大师软件的知识。

16.3.1 电脑综合性能测试

电脑综合性能测试能评估用户的电脑对于文件处理、看电影、玩游戏、浏览网页等综合的应用能力,测试完毕后,显示的分数越高表明用户的电脑综合性能越强,下面介绍使用鲁大师对电脑进行综合性能测试的操作方法。

Step 01 启动鲁大师软件,**1.** 单击【性能测试】按钮,如图16-12所示。

Step 02 在电脑性能测试区域,**1.** 勾选处理器性能、显卡性能、内存性能和磁盘性能复选框;**2.** 单击【开始评测】按钮,如图16-13所示。

图16-12　　　　　　　　　　　　图16-13

Step 03 进入正在检测电脑性能界面,如图16-14所示。

图16-14

Step 04 检测完毕看到评分，通过以上步骤即可完成电脑综合性能测试的操作，如图 16-15 所示。

图 16-15

16.3.2 电脑一键优化

鲁大师的清理优化功能可以检测和修复电脑存在的系统漏洞，根据电脑硬件检测结果自动对电脑进行优化，能够有效清理系统垃圾文件与电脑使用中残留的各种无用信息，从而提高电脑运行速度，让电脑运行更流畅、更稳定，下面介绍使用鲁大师一键优化电脑的方法。

Step 01 启动鲁大师软件，**1.** 单击【清理优化】按钮；**2.** 单击【开始扫描】按钮，如图 16-16 所示。

Step 02 进入正在扫描界面，等待扫描结果，如图 16-17 所示。

图 16-16　　　　　图 16-17

Step 03 显示扫描结果，单击【一键清理】按钮，如图 16-18 所示。

图 16-18

Step 04 进入清理完成界面,清理优化操作完成,通过以上步骤即可完成使用鲁大师一键优化电脑的操作,如图 16-19 所示。

图 16-19

◆ 知识拓展

 启动鲁大师软件,单击【温度管理】按钮,选择【节能降温】选项卡,进入节能省电界面,选择节能模式,如选择【智能降温】单选项,这样即可设置节能降温的操作。

16.4 实践案例与上机指导

通过本章的学习,读者基本可以掌握 ACDSee、暴风影音和鲁大师的基本知识以及一些常见的操作方法,下面通过练习操作,以达到巩固学习、拓展提高的目的。

16.4.1 使用 ACDSee 批量重命名图片

使用 ACDSee 图片浏览软件,可以十分方便、快捷地对各种图片进行批量重命名,下面介绍使用 ACDSee 对图片进行批量重命名的操作方法。

Step 01 启动 ACDSee 软件,打开图片所在文件夹,选中批量重命名的图片,如图 16-20 所示。

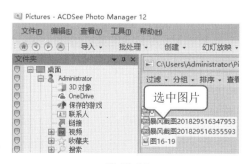

图 16-20

Step 02 在主界面，**1.** 单击【编辑】按钮；**2.** 在弹出的菜单中选择【重命名】命令，如图 16-21 所示。

Step 03 弹出【批量重命名】对话框，**1.** 选择【模板】选项卡；**2.** 在【模板】文本框中，输入要更改的名字；**3.** 单击【开始重命名】按钮，如图 16-22 所示。

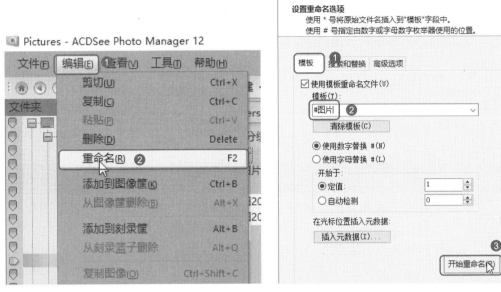

图 16-21   图 16-22

Step 04 弹出【正在重命名】对话框，显示重命名文件的进度，单击【完成】按钮，即可完成图片批量重命名的操作，如图 16-23 所示。

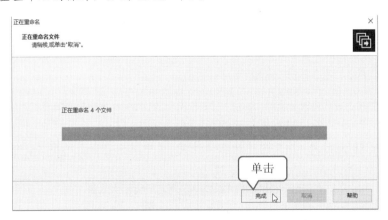

图 16-23

16.4.2 设置暴风影音截图路径

在使用暴风影音进行视频截图之前，可以设置截取图片的保存路径，下面介绍设置暴风影音截图路径的操作方法。

Step 01 启动暴风影音播放器并播放影片，在遇到好看的画面时，单击【暂停】按钮，在暂停的画面上单击鼠标右键，在弹出的快捷菜单中选择【高级选项】命令，如图 16-24 所示。

Step 02 弹出【高级选项】对话框，**1.** 在【常规设置】选项卡中单击【截图设置】按钮；**2.** 在【截图设置】区域设置截取图片的保存路径、保存格式等内容；**3.** 单击【确定】按钮即可完成设置暴风影音截图路径的操作，如图 16-25 所示。

图 16-24

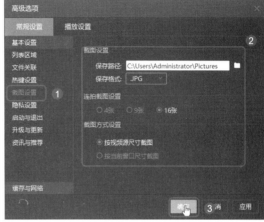

图 16-25

◆ **知识拓展**

使用【暴风影音】播放影片时，可以直接将影片转换成所需要的格式，在视频播放界面，单击鼠标右键，在弹出的快捷菜单中，选择【视频转码/截取】→【格式转换】命令，在弹出的【暴风转码】对话框中，进行转换视频格式操作。

第17章

系统维护与安全应用

本章要点

- 管理和优化磁盘
- 查杀电脑病毒
- 使用 360 安全卫士

本章主要内容

本章主要介绍了管理和优化磁盘、查杀电脑病毒方面的知识与技巧,同时还讲解了如何使用 360 安全卫士,在本章的最后还针对实际的工作需求,讲解了使用 360 安全卫士清理垃圾、使用 360 安全卫士清理系统插件的方法。通过本章的学习,读者可以掌握系统维护与安全应用方面的知识,为深入学习 Windows 10 和 Office 2016 知识奠定基础。

17.1 管理和优化磁盘

↑扫码看视频

磁盘用久了，总会产生各种各样的问题，要想让磁盘高效地工作，就要注意平时对磁盘的管理。随着电脑使用时间的延长，以及安装的软件越来越多，电脑的速度越来越慢，此时就需要用户定期对磁盘进行优化和管理。

17.1.1 磁盘清理

在 Windows 10 系统中，使用磁盘清理工具可以删除硬盘分区中的系统 Internet 临时文件、文件夹以及回收站等区域中的多余文件，从而达到释放磁盘空间、提高系统性能的目的，下面介绍清理磁盘的操作方法。

Step 01 在桌面上，*1.* 单击左下角的【开始】按钮；*2.* 在所有程序列表中选择【Windows 管理工具】命令；*3.* 在展开的菜单中选择【磁盘清理】命令，如图 17-1 所示。

Step 02 弹出【磁盘清理：驱动器选择】对话框，*1.* 单击【驱动器】下拉箭头，选择准备清理的驱动器；*2.* 单击【确定】按钮，如图 17-2 所示。

图 17-1

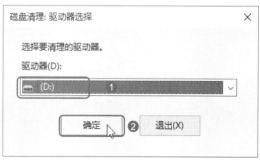
图 17-2

Step 03 弹出【(D:) 的磁盘清理】对话框，*1.* 在【要删除的文件】区域中选择准备删除的文件的复选框；**2.** 单击【确定】按钮，如图 17-3 所示。

Step 04 弹出【磁盘清理】对话框，单击【删除文件】按钮即可完成磁盘清理的操作，如图 17-4 所示。

图 17-3　　　　　　　　　　　　　　图 17-4

17.1.2　整理磁盘碎片

定期整理磁盘碎片可以保证文件的完整性，从而提高电脑读取文件的速度。下面详细介绍磁盘碎片整理的方法。

Step 01 在桌面上，**1.** 单击左下角的【开始】按钮；**2.** 在所有程序列表中选择【Windows 管理工具】命令；**3.** 在展开的菜单中选择【碎片整理和优化驱动器】命令，如图 17-5 所示。

Step 02 弹出【优化驱动器】对话框，**1.** 在【状态】区域中单击准备整理的磁盘；**2.** 单击【优化】按钮，如图 17-6 所示。

图 17-5　　　　　　　　　　　　　　图 17-6

Step 03 碎片整理结束,通过以上步骤即可完成磁盘碎片整理的操作,如图 17-7 所示。

图 17-7

◆ 知识拓展

随着时间的推移,用户在保存、更改或删除文件时,会产生碎片,磁盘碎片整理程序能够重新排列电脑上的数据并重新合并碎片数据,有助于电脑更高效地运行。在 Windows 10 操作系统中,磁盘碎片整理程序可以按计划自动运行,用户也可以手动运行该程序或更改该程序使用的计划。

17.2 查杀电脑病毒

↑扫码看视频

如果电脑中存在病毒或怀疑电脑中可能存在某种病毒,可以使用杀毒软件进行查杀病毒操作,以阻止病毒的入侵,本节将主要介绍使用金山杀毒软件和瑞星杀毒软件查杀电脑病毒方面的有关知识。

17.2.1 认识电脑病毒

电脑病毒（Computer Virus）是编制者在电脑程序中插入的破坏电脑功能或数据的代码，是能影响电脑使用，能自我复制的一组电脑指令或程序代码。

电脑病毒具有传播性、隐蔽性、感染性、潜伏性、可激发性、表现性或破坏性。电脑病毒的生命周期：开发期→传染期→潜伏期→发作期→发现期→消化期→消亡期。

电脑病毒是一个程序、一段可执行代码。就像生物病毒一样，具有自我繁殖、互相传染以及激活再生等生物病毒特征。电脑病毒有独特的复制能力，它们能够快速蔓延，又常常难以根除。它们能把自身附着在各种类型的文件上，当文件被复制或从一个用户传送到另一个用户时，它们就随同文件一起蔓延开。

病毒的传播途径包括可移动存储设备、网络和硬盘，下面将详细进行介绍。

> 可移动存储设备：可移动存储设备具有携带方便和容量大等特点，其中存储了大量的可执行文件，病毒也有可能隐藏在光盘中，因为只读式光盘不能进行写操作，因而光盘上的病毒也不能够清除。
> 网络：在网上下载文件和资料时，很容易下载带病毒的文件。
> 硬盘：如果硬盘感染了病毒，将其移动到其他电脑进行使用或维修时，有可能将病毒传染并到扩散到其他电脑中。

17.2.2 使用瑞星查杀电脑病毒

瑞星杀毒软件以最新研发的变频杀毒引擎为核心，通过变频技术使电脑在得到安全保证的同时，又大大降低资源占用率，让电脑更加轻便。使用瑞星杀毒软件查杀病毒，可以用三种方式来进行查杀，包括快速查杀、全盘查杀和自定义查杀，下面将以快速查杀为例，来详细介绍使用瑞星杀毒软件查杀电脑病毒的方法。

Step 01 启动并运行瑞星杀毒软件程序，单击【病毒查杀】按钮，如图 17-8 所示。

Step 02 进入【病毒查杀】界面，单击【快速查杀】按钮，如图 17-9 所示。

图 17-8

图 17-9

Step 03 进入【快速查杀】界面,显示杀毒的进度,用户需要在线等待一段时间,如图 17-10 所示。

Step 04 查杀完成,通过以上步骤即可完成使用瑞星查杀电脑病毒的操作,如图 17-11 所示。

图 17-10　　　　　　　　　　　图 17-11

17.2.3 使用金山毒霸查杀电脑病毒

金山毒霸是金山软件公司开发的高智能反病毒软件,在查杀病毒种类、查杀病毒速度、未知病毒防治等方面达到世界先进水平。使用金山毒霸查杀病毒,可以用三种方式来进行查杀,包括一键云查杀、全盘扫描和指定位置扫描,下面将以全盘扫描为例,详细地介绍使用金山毒霸杀毒的操作方法。

Step 01 启动金山毒霸软件程序,进入主界面后,单击【闪电查杀】按钮,如图 17-12 所示。

Step 02 进入扫描界面,显示正在扫描的数据,用户需要在线等待一段时间,在该界面中用户还可以进行暂停扫描和取消扫描的操作,如图 17-13 所示。

图 17-12　　　　　　　　　　　图 17-13

Step 03 扫描完成,单击【立即处理】按钮,如图 17-14 所示。

Step 04 通过以上步骤即可完成使用金山毒霸查杀电脑病毒的操作,如图 17-15 所示。

图 17-14　　　　　　　　　　　　图 17-15

◆ **知识拓展**

金山毒霸融合了启发式搜索、代码分析、虚拟机查毒等技术，凭借成熟可靠的反病毒技术，以及丰富的经验，在查杀病毒种类、查杀病毒速度、未知病毒防治等方面达到世界先进水平。同时金山毒霸具有病毒防火墙实时监控、压缩文件查毒、查杀电子邮件病毒等多项先进的功能。紧随世界反病毒技术的发展，为个人用户和企事业单位提供完善的反病毒解决方案。从 2010 年 11 月 10 日 15 点 30 分起，金山毒霸（个人简体中文版）的杀毒功能和升级服务永久免费。

17.3 使用 360 安全卫士

360 安全卫士是由奇虎 360 公司推出的安全杀毒软件，拥有查杀木马、清理插件、修复漏洞、电脑体检、保护隐私等多种功能，可以智能地拦截各类木马，保护用户的账号等重要信息，本节将介绍 360 安全卫士的相关操作方法。

↑ 扫码看视频

17.3.1 电脑体检

在 360 安全卫士的首页，默认提供了电脑体检服务，用户只需单击首页界面上的【立即体检】按钮，即可立即启动系统体检。下面介绍电脑体检的操作方法。

Step 01 启动 360 安全卫士软件，打开 360 安全卫士界面，单击【立即体检】按钮，如图 17-16 所示。

Step 02 开始体检，用户需要等待一段时间，如图 17-17 所示。

图 17-16　　　　　　　　　　图 17-17

Step 03 体检完成，显示"电脑速度慢，建议立即修复"和体检分数，单击【一键修复】按钮，如图 17-18 所示。

Step 04 正在进行修复，需要用户等待一段时间，如图 17-19 所示。

图 17-18　　　　　　　　　　图 17-19

Step 05 修复完成，提示"已修复全部问题，电脑很安全，100 分！"，通过以上步骤即可完成电脑体检的操作，如图 17-20 所示。

图 17-20

17.3.2 查杀电脑中的木马病毒

360安全卫士中的木马查杀功能通过扫描木马、易感染区、系统设置、系统启动项、浏览器组件、系统登录和服务、文件和系统内存、常用软件、系统综合和系统修复项，来进行彻底查杀修复电脑中的问题，下面将详细介绍木马查杀的操作方法。

Step 01 启动360安全卫士软件，打开360安全卫士界面，单击【木马查杀】按钮，如图17-21所示。

Step 02 进入木马查杀界面，单击【快速查杀】按钮，如图17-22所示。

图 17-21

图 17-22

Step 03 开始扫描，用户需要等待一段时间，如图17-23所示。

Step 04 扫描完成，提示"扫描完成，未发现木马病毒"，通过以上步骤即可完成查杀电脑中的木马病毒的操作，如图17-24所示。

图 17-23

图 17-24

17.3.3 修补系统漏洞

电脑的使用总会存在着一些系统和软件的漏洞，为了保障我们电脑的安全，就需要经常进行系统漏洞的修补，下面以使用360安全卫士修补系统漏洞为例，详细介绍修补系统漏洞的操作方法。

Step 01 启动360安全卫士软件，**1.** 单击【系统修复】按钮；**2.** 单击【单项修复】下拉按钮，在弹出的下拉列表中选择【漏洞修复】命令，如图17-25所示。

Step 02 开始进行扫描，用户需要等待一段时间，如图17-26所示。

图 17-25

图 17-26

Step 03 扫描完成，提示"扫描完成，电脑很安全，请继续保持"，通过以上步骤即可完成修补系统漏洞的操作，如图17-27所示。

图 17-27

17.3.4 电脑优化加速

360安全卫士中的优化加速功能可以全面提升用户电脑的开机速度、系统速度、上网速度和硬盘速度等，下面将详细介绍优化加速的操作方法。

Step 01 启动并运行360安全卫士程序，单击【优化加速】按钮，如图17-28所示。

Step 02 进入【优化加速】界面，**1.** 单击【单项加速】下拉按钮；**2.** 在弹出的下拉列表中选择【开机加速】命令，如图17-29所示。

图 17-28

图 17-29

Step 03 扫描完成，提示"扫描完成，共发现 4 个优化项"，单击【立即优化】按钮，如图 17-30 所示。

Step 04 弹出【一键优化提醒】对话框，**1.** 勾选【全选】复选框；**2.** 单击【确认优化】按钮，如图 17-31 所示。

图 17-30

图 17-31

Step 05 优化完成，通过以上步骤即可完成电脑加速的操作，如图 17-32 所示。

图 17-32

17.4 实践操作与应用

通过本章的学习,读者基本可以掌握系统维护与安全应用的基本知识以及一些常见的操作方法,下面通过练习操作,以达到巩固学习、拓展提高的目的。

17.4.1 清理垃圾

电脑使用久了会产生垃圾,需要用户定期进行清理,否则会拖慢电脑运行速度,占用电脑内存,下面详细介绍使用 360 安全卫士清理垃圾的操作。

Step 01 启动 360 安全卫士程序,单击【电脑清理】按钮,如图 17-33 所示。

Step 02 进入【电脑清理】界面,**1.** 单击【单项清理】下拉按钮;**2.** 在弹出的下拉列表中选择【清理垃圾】命令,如图 17-34 所示。

图 17-33

图 17-34

Step 03 开始扫描垃圾,用户需要等待一段时间,如图 17-35 所示。

Step 04 扫描完成,提示"共 1.2GB 垃圾,已选中 1.2GB",单击【一键清理】按钮,如图 17-36 所示。

图 17-35

图 17-36

Step 05 弹出【风险提示】对话框,单击【清理所有】按钮,如图 17-37 所示。

Step 06 清理完成，提示"清理完成，释放 1.2GB，空间增加啦"，通过以上步骤即可完成使用 360 安全卫士清理垃圾的操作，如图 17-38 所示。

图 17-37　　　　　　　　　　　　　　图 17-38

17.4.2 清理系统插件

系统插件过多会影响系统的运行速度，下面介绍通过 360 安全卫士清理系统插件来优化电脑系统的方法。

Step 01 启动 360 安全卫士程序，**1.** 单击【电脑清理】按钮；**2.** 单击【单项清理】下拉按钮；**3.** 在弹出的下拉列表中选择【清理插件】命令，如图 17-39 所示。

Step 02 开始扫描插件，用户需要等待一段时间，如图 17-40 所示。

图 17-39　　　　　　　　　　　　　　图 17-40

Step 03 选择准备清除的插件，单击【一键清理】按钮，如图 17-41 所示。

图 17-41

Step 04 清理完成，提示"清理完成，删除 1 项内容，保持清理习惯"，通过以上步骤即可完成使用 360 安全卫士清理插件的操作，如图 17-42 所示。

图 17-42

◆ 知识拓展

在电脑清理选项中，用户可以选择【单项清理】【清理垃圾】【清理插件】【清理注册表】【清理 Cookies】【清理痕迹】和【清理软件】，或者直接单击【全面清理】按钮，即可清理所有的选项。

反侵权盗版声明

　　电子工业出版社依法对本作品享有专有出版权。任何未经权利人书面许可，复制、销售或通过信息网络传播本作品的行为；歪曲、篡改、剽窃本作品的行为，均违反《中华人民共和国著作权法》，其行为人应承担相应的民事责任和行政责任，构成犯罪的，将被依法追究刑事责任。

　　为了维护市场秩序，保护权利人的合法权益，我社将依法查处和打击侵权盗版的单位和个人。欢迎社会各界人士积极举报侵权盗版行为，本社将奖励举报有功人员，并保证举报人的信息不被泄露。

举报电话：（010）88254396；（010）88258888

传　　真：（010）88254397

E-mail：　dbqq@phei.com.cn

通信地址：北京市万寿路南口金家村 288 号华信大厦

　　　　　电子工业出版社总编办公室

邮　　编：100036